U0368145

教育部第四批**1+X**证书制度试点
食品合规管理职业技能系列教材

食品合规管理
职业技能教材

（初级）

烟台富美特信息科技股份有限公司（食品伙伴网）　　组织编写

张　爽　杨　雪　主编

罗红霞　　主审

1+X

化学工业出版社
·北京·

内容简介

《食品合规管理职业技能教材（初级）》首先介绍了食品安全、食品标准法规与合规管理的基础知识，包括我国食品安全基本知识、食品法律法规、食品标准、食品安全监管机构职能、食品安全监管制度、食品合规管理的内容与食品合规管理体系建设。在此基础上，讲授食品生产经营企业许可等资质的办理要求及合规实践；食品生产经营过程合规管理；食品配方、产品指标等食品产品合规管理以及标签标识、广告宣传的合规管理；食品安全监督抽检及监督检查方面的内容。

本教材可供中职院校食品相关专业学生学习，也可以作为初入职的食品安全监管人员、食品生产经营企业合规管理人员参与食品合规管理职业技能社会化培训的教材使用。

图书在版编目（CIP）数据

食品合规管理职业技能教材：初级 / 烟台富美特信息科技股份有限公司（食品伙伴网）组织编写；张爽，杨雪主编. -- 北京：化学工业出版社，2025. 2.
（食品合规管理职业技能系列教材）. -- ISBN 978-7-122-46873-4

Ⅰ. TS201.6

中国国家版本馆 CIP 数据核字第 2025AP1962 号

责任编辑：迟　蕾　李植峰　王嘉一　装帧设计：王晓宇
责任校对：刘　一

出版发行　化学工业出版社
　　　　　（北京市东城区青年湖南街 13 号　邮政编码 100011）
印　　装　三河市双峰印刷装订有限公司
787mm×1092mm　1/16　印张 10　字数 191 千字
2025 年 3 月北京第 1 版第 1 次印刷

购书咨询：010-64518888　　　　售后服务：010-64518899
网　　址：http://www.cip.com.cn

凡购买本书，如有缺损质量问题，本社销售中心负责调换。

定　　价：48.00 元　　　　　　　版权所有　违者必究

———————————《食品合规管理职业技能教材（初级）》编审人员 ———————————

主　编：张　爽　杨　雪

副 主 编：郑晓杰　王成森　崔惠玲　戚海峰

编写人员：

张　爽　芜湖职业技术学院　　　　　　宋喜云　潍坊职业学院

郑晓杰　温州科技职业学院　　　　　　苏　超　芜湖职业技术学院

王成森　山东畜牧兽医职业学院　　　　翁　梁　江苏食品药品职业技术学院

崔惠玲　漯河职业技术学院　　　　　　张　芬　上海城建职业学院

戚海峰　天津市经济贸易学校　　　　　张正伟　深圳职业技术大学

柴明艳　淄博职业学院　　　　　　　　赵　蕾　烟台理工学院

陈秀丽　黑龙江农业经济职业学院　　　何桂芬　食品伙伴网

崔晓娜　山东畜牧兽医职业学院　　　　尹训兰　食品伙伴网

龚漱玉　上海科技管理学校　　　　　　潘　涛　食品伙伴网

李清光　江苏经贸职业技术学院　　　　王文平　食品伙伴网

刘　馨　新疆供销学校

主　审：罗红霞　漯河食品职业学院

序 言

　　随着我国经济社会发展，食品产业已经进入高质量发展时期，食品安全监管也日趋严格。作为食品安全的第一责任人，食品生产经营者应当严格规范企业内部管理，将法律法规和技术规范的要求转化为企业内部的行为准则，履行合规义务，提升合规管理能力，捍卫百姓舌尖上的安全。

　　2020年，食品合规管理职业技能等级证书入选教育部第四批1+X证书试点名单，技能等级证书将整个食品行业合规管理职业技能系统化、标准化、具体化。通过培训学习，可使高校食品相关专业学生的合规管理水平达到职业技能要求，满足食品行业对于合规管理人才的需求。

　　《食品合规管理职业技能教材》作为食品合规管理职业技能等级证书的配套教材，涵盖了国内外食品标准法规体系情况、食品生产经营企业的资质合规、食品生产经营和进出口活动的过程合规、食品产品合规的要求以及合规管理体系建设与改进等方面的内容，教材能够满足高校食品专业食品合规管理知识和技能的教学需求，既有理论知识的传授，也有实际操作的演练，内容全面新颖。

　　《食品合规管理职业技能教材》可以作为食品合规管理职业技能等级证书的培训教材，也可以作为高校食品安全标准法规类课程的教材，还可以作为食品行业从业人员的指导手册。教材的出版对于我国食品行业合规管理人才的培养、食品行业合规意识和管理水平的提升都具有重要推动意义。

食品安全是重大的民生问题，近年来，国家不断完善食品安全法律法规，各级政府和食品安全监管职能部门坚决贯彻落实"四个最严"的要求，加强食品安全监管。《中华人民共和国国民经济和社会发展第十四个五年规划和 2035 年远景目标纲要》提出了严格食品药品安全监管的要求，加强和改进食品安全监管制度，完善食品安全法律法规和标准体系。作为食品安全的第一责任人，食品生产经营者需要准确理解并严格遵守不断变化的标准法规要求，依据国家监管部门的强制标准法规中的技术要求等制定企业内部的操作规范，建立并实施合规管理体系，以履行法定义务，确保其生产经营食品的安全。对于即将从事食品行业的食品专业学生而言，理解食品相关法规标准要求，掌握食品生产经营者应当承担的合规义务，是必备的职业要求。

2020 年 12 月，经国务院职业教育工作部际联席会议审议，烟台富美特信息科技股份有限公司（食品伙伴网）正式以职业教育培训评价组织身份参与 1+X 证书制度第四批试点，开发的"食品合规管理职业技能等级证书"入围第四批职业技能等级证书。同年 7 月，烟台富美特信息科技股份有限公司发布了《食品合规管理体系 要求及实施指南》（Q/FMT 0002S）企业标准，为广大食品企业食品合规管理提供了技术支持。《食品合规管理职业技能等级标准》系统阐释了食品合规管理体系的构建和运行，食品合规管理职业技能依托于该标准，并予以应用和验证。

为了帮助食品从业人员全面系统地掌握食品合规管理知识体系，食品伙伴网依据《食品合规管理职业技能等级标准》，组织编写了食品合规管理职业技能等级系列教材，包括初级、中级和高级教材。本教材为初级教材，共六章。本教材以我国食品安全基本知识、食品法规、食品标准、食品安全监管机构职能、食品安全监管制度、食品合规管理的内容与食品合规管理体系建设为基础，介绍了食品生产经营者在食品生产经营过程中许可等资质的办理要求及合规实践；食品生产经营过程合规管理；食品配方、产品指标等产品合规管理以及标签标识、广告宣传的合规管理；食品安全监督抽检及监督检查方面的内容。

本教材的编写，是编委会集体努力的成果，得到了黑龙江农业经济职业学院、江苏经贸职业技术学院、江苏食品药品职业技术学院、漯河食品职业学院、漯河职业技术学院、山东畜牧兽医职业学院、上海城建职业学院、上海科技管理学校、深圳职业技术大学、天津市经济贸易学校、潍坊职业学院、温州科技职业学院、芜湖职业技术学院、新疆供销学校、烟台理工学院、淄博职业学院等单位的大力支持。在编写过程中，编者还参考了大量同行论著和行业材料，在此一并表示感谢。

本教材依据我国食品生产经营监督管理相关最新标准法规，系统梳理了食品生产经营者应当承担的合规义务，旨在使学生全面系统地掌握食品合规管理的知识体系。但由于食品标准法规不断地更新发展变化，且体系庞大，书中难免存在不足之处，敬请读者批评指正。

编者

2024 年 9 月

目
录
CONTENTS

第二章　食品生产经营资质管理　042

第三章　食品生产经营过程合规管理　059

第五章　食品标签与广告合规管理　103

第六章　食品安全监督抽检与检查　121

第一节　食品安全监督抽检　122

第一章
食品标准法规与合规管理基础知识

知识目标

1. 了解食品安全与合规的基本概念，了解常见的食品安全危害。
2. 熟悉我国食品安全法律法规分类，掌握我国主要食品相关法律法规的重点内容，了解食品合规管理义务的来源。
3. 熟悉我国食品标准分类体系，了解常用食品安全国家标准的主要内容。

技能目标

1. 熟知我国食品生产经营活动的监管机构，并明确其相关职能。
2. 明确我国常用的食品标准法规的应用领域与环节。

职业素养与思政目标

1. 具有诚信、严谨、认真、公正的职业素养。
2. 具有严谨的合规管理意识，具有法律意识和安全意识。
3. 具有高度的社会责任感和专业使命感。

第一节　食品安全基础知识

食品的基本用途是供人食用或饮用，但前提是要确保食品安全，确保食用人群的身体健康和必要的营养。食品安全法中明确了"食品安全"的定义：指食品无毒、无害，符合应当有的营养要求，对人体健康不造成任何急性、亚急性或者慢性危害。

无毒、无害，通常是指食品不得对人产生有毒有害的作用，无毒无害并不是一定不含有有毒有害的物质，而是强调食品不得产生毒害作用。有的物质虽然具有一定毒性，也会因为某些原因存在于食品中，但是其残留量很低，通过正常饮食摄入的量不会影响人体健康，我国相关食品安全国家标准和法规公告中规定了这部分物质的最大残留限量或允许使用量，在一定的限量范围内允许其存在于某些特定的食品中。例如，在作物栽培和种植中使用的农药、在动物饲养过程中使用的兽药、由于环境因素而无法避免引入食品中的污染物等。正如食品行业常说的，离开剂量谈毒性没有意义。

符合应当有的营养要求是指食品具有一定的营养成分，能够满足人们对能量和营养成分的摄入要求。目前，我国对于乳制品、婴幼儿配方食品、婴幼儿辅助食品、特殊医学用途配方食品等均规定了相应的营养成分含量要求，包括蛋白质、脂肪、碳水化合物，以及维生素、矿物质等营养素的含量要求。

关于急性、亚急性或者慢性危害，虽然还没有权威的概念，但是，可以通过《食品安全国家标准 急性经口毒性试验》（GB 15193.3）中对于急性经口毒性的定义"急性经口毒性是指一次或在24h内多次经口给予实验动物受试物后，动物在短期内出现的毒性效应"了解急性危害。《食品安全国家标准 慢性毒性试验》（GB 15193.26）则规定了慢性毒性是指"实验动物经长期重复给予受试物所引起的毒性作用"。同时，对于食品安全的毒理学评价，除了急性、慢性经口毒性，还包括遗传毒性、28天和90天经口毒性、生殖发育毒性、致癌性等亚急性和慢性危害方面的评价。

食品中的主要危害因子通常包括物理性危害、化学性危害和生物性危害三方面。

一、食品的物理性危害

食品的物理性危害通常是指食品中的异物污染，可能在食品生产加工过程中进入食品。异物的来源可能是原辅料、水、原料处理设备（如绞肉机）、食品生产过程、生产场所中的建筑材料和食品从业人员。例如，植物收获过程中掺进的玻璃、铁丝、铁钉、石头等；食品加工设备上脱落的金属碎片；玻璃破碎产生的玻璃碴；钝的开罐器产生的金属屑；混入产品中的牙签和头发；可能意外失落并进入食品中的首饰、绷带等物品。

二、食品的化学性危害

食品的化学性危害是指食品中有毒化学物质污染食物所造成的危害。食品的化学性污染主要包括工业"三废"中有害金属污染，食物中农药、兽药、渔药残留，滥用食品添加剂和违法使用有毒化学物质，食品加工不当产生的有毒化学物质，以及包装材料和容器中的有毒化学物质等。

三、食品的生物性危害

食品的生物性危害是指食品在生产、加工、包装、储藏、运输、经营、烹饪等过程中受到微生物、寄生虫或昆虫的污染。微生物污染主要包括细菌、真菌、病毒等。微生物污染范围广、危害大，其中以细菌、真菌及其毒素对食品的污染最严重、最常见，这也是最常见的食源性致病因子。病原微生物污染食品不仅可使食品的营养价值降低、导致腐败变质，造成不同程度的经济损失，还可以引起食源性疾病，危害人类健康。

第二节　食品法律法规基础知识

法律法规是一个国家监管要求最基本的体现形式。对于食品生产经营企业而言，遵守法律法规的要求，是其必须履行的合规义务之一。对食品合规义务的识别，从学习和了解国家的法律法规开始。

我国的食品法律法规体系，依据其效力及制定部门，大体分为四个层次，分别为法律、法规（包括行政法规和地方性法规）、规章（包括部门规章和地方政府规章）和规范性文件。法律的效力高于行政法规、地方性法规、规章。行政法规的效力高于地方性法规、规章。地方性法规的效力高于地方政府规章。部门规章之间、部门规章与地方政府规章具有同等效力，在各自的权限范围内施行。各个层次法律法规的发布单位、制定流程、内容范围各有不同。各个层次和类型的食品法律法规既相互区别又相互补充，共同构成了完整的食品法律法规体系。

一、法律

全国人民代表大会和全国人民代表大会常务委员会行使国家立法权。法律由全国人民代表大会和全国人民代表大会常务委员会制定和修改，由国家主席签署主席令予以公布。我国公布的与食品相关的法律主要有《中华人民共和国食品安全法》《中华人民共和国农产品质量安全法》等。以下是部分食品相关法律的概况。

1. 中华人民共和国食品安全法

《中华人民共和国食品安全法》（以下简称《食品安全法》）是我国食品安全监管的基础法律，是为了保证食品安全，保障公众身体健康和生命安全制定的，是一切食品生产经营活动必须遵循的基本法律。该法于 2009 年 2 月 28 日由第十一届全国人民代表大会常务委员会第七次会议通过，2015 年 4 月 24 日由第十二届全国人民代表大会常务委员会第十四次会议修订，2015 年 10 月 1 日起实施。根据 2018 年 12 月 29 日第十三届全国人民代表大会常务委员会第七次会议《关于修改〈中华人民共和国产品质量法〉等五部法律的决定》第一次修正，根据 2021 年 4 月 29 日第十三届全国人民代表大会常务委员会第二十八次会议《关于修改〈中华人民共和国道路交通安全法〉等八部法律的决定》第二次修正。

该法共分为十章，分别为总则、食品安全风险监测和评估、食品安全标准、食品生产经营、食品检验、食品进出口、食品安全事故处置、监督管理、法律责任和附则。在中华人民共和国境内从事下列活动，应当遵守该法：食品生产和加工，食品销售和餐饮服务；食品添加剂的生产经营；用于食品的包装材料、容器、洗涤剂、消毒剂和用于食品生产经营的工具、设备的生产经营；食品生产经营者使用食品添加剂、食品相关产品；食品的贮存和运输；对食品、食品添加剂、食品相关产品的安全管理。

2. 中华人民共和国农产品质量安全法

《中华人民共和国农产品质量安全法》（以下简称《农产品质量安全法》）是为了保障农产品质量安全，维护公众健康，促进农业和农村经济发展制定的法律。该法于 2006 年 4 月 29 日由第十届全国人民代表大会常务委员会第二十一次会议通过，根据 2018 年 10 月 26 日第十三届全国人民代表大会常务委员会第六次会议《关于修改〈中华人民共和国野生动物保护法〉等十五部法律的决定》修正，根据 2022 年 9 月 2 日第十三届全国人民代表大会常务委员会第三十六次会议修订。

该法共分为八章，分别为总则、农产品质量安全风险管理和标准制定、农产品产地、农产品生产、农产品销售、监督管理、法律责任和附则。2022 年修订的《农产品质量安全法》进一步压实有关主体的农产品质量安全责任；明确国家建立健全农产品产地监测制度，地方政府制定农产品产地监测计划，加强农产品产地安全调查、监测和评价工作；在农产品质量安全标准中增加储存、运输农产品过程中的质量安全管理要求；明确建立承诺达标合格证制度，农产品生产企业、农民专业合作社应当开具承诺达标合格证，承诺不使用禁用的农药、兽药及其他化合物且使用的常规农药、兽药残留不超标等。此外，新版《农产品质量安全法》加大了对食用农产品相关违法行为的处罚力度，与《食品安全法》相关规定进行衔接。同时，引入了"农户"的概念，对农户另行规定了较轻的处罚，起到震慑作用的同时，也能兼顾农业发展的现状。

3. 中华人民共和国产品质量法

《中华人民共和国产品质量法》是为了加强对产品质量的监督管理，提高产品质量水平，明确产品质量责任，保护消费者的合法权益，维护社会经济秩序而制定的法律，在中华人民共和国境内从事经过加工、制作，用于销售的产品的生产、销售活动适用该法。该法于 1993 年 2 月 22 日由第七届全国人民代表大会常务委员会第三十次会议通过，自 1993 年 9 月 1 日起施行。根据 2000 年 7 月 8 日第九届全国人民代表大会常务委员会第十六次会议《关于修改〈中华人民共和国产品质量法〉的决定》第一次修正，根据 2009 年 8 月 27 日第十一届全国人民代表大会常务委员会第十次会议《关于修改部分法律的决定》第二次修正，根据2018 年 12 月 29 日第十三届全国人民代表大会常务委员会第七次会议《关于修改〈中华人民共和国产品质量法〉等五部法律的决定》第三次修正。

该法共分为六章，分别为总则，产品质量的监督，生产者、销售者的产品质量责任和义务，损害赔偿，罚则，以及附则。该法明确企业是产品质量管理的主体，生产者、销售者应当建立健全内部产品质量管理制度，严格实施岗位质量规范、质量责任以及相应的考核办法，依法承担产品质量责任。生产者应当对其生产的产品质量负责。

4. 中华人民共和国反食品浪费法

《中华人民共和国反食品浪费法》于 2021 年 4 月 29 日由第十三届全国人民代表大会常务委员会第二十八次会议表决通过，自公布之日起施行。

该法共三十二条，分别对食品浪费的定义、反食品浪费的原则和要求、政府及部门职责、各类主体责任、激励和约束措施、法律责任等作出规定。该法的实施为全社会树立浪费可耻、节约为荣的鲜明导向，为公众确立餐饮消费、日常食品消费的基本行为准则，为强化政府监管提供有力支撑，为建立制止餐饮浪费长效机制、以法治方式进行综合治理提供制度保障。

该法规定了食品安全监管部门在反食品浪费方面的监督职责，明确各级人民政府要加强对反食品浪费工作的领导，建立健全反食品浪费工作机制，确定反食品浪费目标任务，加强监督管理，推进反食品浪费工作。该法明确食品生产经营企业在反食品浪费方面应尽的义务，明确企业主体责任。违反该法相关规定，相关责任主体将会受到严厉处罚。

5. 中华人民共和国标准化法

《中华人民共和国标准化法》是我国标准化工作的基本法，于 1988 年 12 月 29 日由第七届全国人民代表大会常务委员会第五次会议审议通过，由第十二届全国人民代表大会常务委员会第三十次会议于 2017 年 11 月 4 日修订通过，修订后的《中华人民共和国标准化法》自 2018 年 1 月 1 日起施行。

该法共分为六章，分别为总则、标准的制定、标准的实施、监督管理、法律责任和附则。该法明确了国务院和设区的市级以上地方人民政府建立标准化协调推进机制，统筹协调标准化工作重大事项，对重要标准的制定和实施进行协调。在加强强制性标准统一管理的同时严格限制推荐性标准范围，鼓励社会团体制定满足市场和创新需要的团体标准，建立企业标准自我声明公开和监督制度，释放企业创新活力。为实现标准提质增效，在立项、制定等环节加强对标准制定和实施的监督，针对违法行为，规定了不同的监督措施和法律责任。

二、法规

法规包括行政法规和地方性法规。

国务院根据宪法及相关法律制定行政法规。行政法规由总理签署国务院令公布。行政法规的形式有条例、办法、实施细则、决定等。

省、自治区、直辖市的人民代表大会及其常务委员会根据本行政区域的具体情况和实际需要，在不与宪法、法律、行政法规相抵触的前提下，可以制定地方性法规。地方性法规可以就下列事项作出规定：①为执行法律、行政法规的规定，需要根据本行政区域的实际情况作具体规定的事项；②属于地方性事务需要制定地方性法规的事项。省、自治区、直辖市的人民代表大会制定的地方性法规由大会主席团发布公告予以公布。省、自治区、直辖市的人民代表大会常务委员会制定的地方性法规由常务委员会发布公告予以公布。

食品相关的地方性法规如《上海市食品安全条例》《广东省食品安全条例》《贵州省食品安全条例》《安徽省食品安全条例》《广西壮族自治区食品安全条例》《福建省食品安全条例》《黑龙江省食品安全条例》《辽宁省食品安全条例》《湖北省食品安全条例》等，分别对各行政区域内食品、食品添加剂、食品相关产品的生产经营，食品生产经营者使用食品添加剂、食品相关产品，食品的贮存和运输，以及对食品、食品添加剂、食品相关产品的安全管理等作出了相关规定。

以下介绍我国食品相关的主要行政法规的概况。

1. 中华人民共和国食品安全法实施条例

《中华人民共和国食品安全法实施条例》作为行政法规，是对《中华人民共和国食品安全法》条款的细化，为解决我国食品安全问题奠定了良法善治的基石。该条例于 2009 年 7 月 20 日以中华人民共和国国务院令第 557 号公布，根据 2016 年 2 月 6 日《国务院关于修改部分行政法规的决定》修订，2019 年 3 月 26 日由国务院第 42 次常务会议修订通过，2019 年 10 月 11 日以中华人民共和国国务院令第 721 号公布，自 2019 年 12 月 1 日起施行。

该条例共分为十章，分别为总则、食品安全风险监测和评估、食品安全标准、食品生产经营、食品检验、食品进出口、食品安全事故处置、监督管理、法律责任和附则。

该条例从五个方面进一步明确职责、强化食品安全监管：一是要求县级以上人民政府建立统一权威的食品安全监管体制，加强监管能力建设。二是强调部门依法履职、加强协调配合，规定有关部门在食品安全风险监测和评估、事故处置、监督管理等方面的会商、协作、配合义务。三是丰富监管手段，规定食品安全监管部门在日常属地管理的基础上，可以采取上级部门随机监督检查、组织异地检查等监督检查方式；对可能掺杂掺假的食品，按照现有食品安全标准等无法检验的，国务院食品安全监管部门可以制定补充检验项目和检验方法。四是完善举报奖励制度，明确奖励资金纳入各级人民政府预算，并加大对违法单位内部举报人的奖励力度。五是建立黑名单，实施联合惩戒，将食品安全信用状况与准入、融资、信贷、征信等相衔接。

该条例从四个方面进一步强调了食品生产经营者的主体责任。一是细化企业主要负责人的责任，规定主要负责人对本企业的食品安全工作全面负责，加强供货者管理、进货查验和出厂检验、生产经营过程控制等工作。二是规范食品的贮存、运输，规定贮存、运输有温度、湿度等特殊要求的食品，应当具备相应的设备设施并保持有效运行，同时规范了委托贮存、运输食品的行为。三是针对实践中存在的虚假宣传和违法发布信息误导消费者等问题，明确禁止利用包括会议、讲座、健康咨询在内的任何方式对食品进行虚假宣传；规定不得发布未经资质认定的检验机构出具的食品检验信息，不得利用上述信息对食品等进行等级评定。四是完善特殊食品管理制度，对特殊食品的出厂检验、销售渠道、广告管理、产品命名等事项作出规范。

2. 乳品质量安全监督管理条例

为了加强乳品质量安全监督管理，保证乳品质量安全，促进乳业健康发展，《乳品质量安全监督管理条例》于 2008 年 10 月 6 日由国务院第 28 次常务会议通过，于 2008 年 10 月 9 日以国务院令第 536 号公布实施。

《乳品质量安全监督管理条例》共分八章，分别为总则、奶畜养殖、生鲜乳收购、乳制品生产、乳制品销售、监督检查、法律责任和附则。该条例明确规定，奶畜养殖者、生鲜乳收购者、乳制品生产企业和销售者对其生产、收购、运输、销售的乳品质量安全负责，是乳品质量安全的第一责任者。从事乳制品生产活动，应依法取得食品生产许可证，建立质量管理制度，对乳制品生产实施全过程质量控制。出厂的乳制品应当符合乳品安全国家标准。该条例强调加强对婴幼儿奶粉生产环节的监管，生产婴幼儿奶粉的企业应当建立危害分析与关键控制点体系，保证婴幼儿生长发育所需的营养成分，不得非法添加；出厂前应当检测营养成分并详细标明使用方法和注意事项。该条例加大对违法生产经营行为的处罚力度，加重监督管理部门不依法履行职责的法律责任，对生产经营者不得从事的行为、法律责任作了明确规定。

3. 国务院关于加强食品等产品安全监督管理的特别规定

为加强食品等产品安全监督管理，进一步明确生产经营者、监督管理部门和地方人民政府的责任，加强各监督管理部门的协调、配合，保障消费者身体健康和生命安全，《国务院关于加强食品等产品安全监督管理的特别规定》于2007年7月25日由国务院第186次常务会议通过，于2007年7月26日以国务院令第503号公布施行。

该特别规定共计二十条，明确规定生产经营者要对其生产、销售的产品安全负责，所使用的原料、辅料、添加剂、农业投入品应当符合法律、行政法规的规定和国家强制性标准；进出口产品要符合要求，建立产品台账；同时对各种违法行为的处理、处罚，监督管理部门职权及职责作出了规定。

三、规章

规章包括部门规章和地方政府规章。

国务院各部、委员会、具有行政管理职能的直属机构等，可以根据法律和国务院的行政法规、决定、命令，在本部门的权限范围内，制定部门规章。

省、自治区、直辖市和设区的市、自治州的人民政府，可以根据法律、行政法规和本省、自治区、直辖市的地方性法规，制定地方政府规章。地方政府规章可以就下列事项作出规定：①为执行法律、行政法规、地方性法规的规定需要制定规章的事项；②属于本行政区域的具体行政管理事项。地方政府规章由省长、自治区主席、市长或者自治州州长签署命令予以公布。食品相关的地方政府规章如《上海市食品安全信息追溯管理办法》《福建省食品安全信息追溯管理办法》《西藏自治区食品安全责任追究办法（试行）》《云南省食品生产加工小作坊和食品摊贩管理办法》等。

以下介绍我国食品监管相关的部分部门规章概况。

1. 食品生产许可管理办法

为了规范食品、食品添加剂生产许可活动，加强食品生产监督管理，国家市场监督管理总局2019年第18次局务会议审议通过了修订后的《食品生产许可管理办法》，自2020年3月1日起施行。

该办法明确规定，在中华人民共和国境内，从事食品生产活动，应当依法取得食品生产许可。食品生产许可实行一企一证原则，即同一个食品生产者从事食品生产活动，应当取得一个食品生产许可证。市场监督管理部门按照食品的风险程度，结合食品原料、生产工艺等因素，对食品生产实施分类许可。国家市场监督管理总局负责监督指导全国食品生产许可管理工作。食品生产许可的申请、受理、审查、决定及其监督检查，适用该办法。

2. 食品经营许可和备案管理办法

为深入贯彻党中央、国务院关于深化食品经营许可改革的部署，落实新修订的《中华人民共和国食品安全法》及其实施条例等法律法规要求，顺应食品经营领域新发展，适应基层监管需求，解决企业相关政策困惑，进一步规范食品经营许可和备案管理工作，加强食品经营安全监督管理，落实食品安全主体责任，2023 年，国家市场监管总局修订发布《食品经营许可和备案管理办法》。

该办法明确规定，在中华人民共和国境内，从事食品销售和餐饮服务活动，应当依法取得食品经营许可。食品经营者在不同经营场所从事食品经营活动的，应当依法分别取得食品经营许可或进行备案。食品经营许可的申请和受理、审查和决定、许可证管理及其监督检查等，适用该办法。

3. 食品安全抽样检验管理办法

为规范食品安全抽样检验工作，加强食品安全监督管理，保障公众身体健康和生命安全，国家市场监督管理总局发布了《食品安全抽样检验管理办法》，自 2019 年 10 月 1 日起施行。《国家市场监督管理总局关于修改和废止部分部门规章的决定》（2022 年 9 月 29 日国家市场监督管理总局令第 61 号公布，自 2022 年 11 月 1 日起施行）对该规章作出了修改。

该办法规定了国家实施食品安全日常监督抽检及风险监测应遵循的原则、对企业的要求、监管的规范。国家市场监督管理总局负责组织开展全国性食品安全抽样检验工作，监督指导地方市场监督管理部门组织实施食品安全抽样检验工作。县级以上地方市场监督管理部门负责组织开展本级食品安全抽样检验工作，并按照规定实施上级市场监督管理部门组织的食品安全抽样检验工作。

4. 食品召回管理办法

为加强食品生产经营管理，减少和避免不安全食品的危害，保障公众身体健康和生命安全，原国家食品药品监督管理总局发布了《食品召回管理办法》，自 2015 年 9 月 1 日实施，根据 2020 年 10 月 23 日国家市场监督管理总局令第 31 号修订。在中华人民共和国境内，不安全食品的停止生产经营、召回和处置及其监督管理，适用该办法。

5. 餐饮业经营管理办法（试行）

为了规范餐饮服务经营活动，引导和促进餐饮行业健康有序发展，维护消费者和经营者的合法权益，商务部依据国家有关法律法规，于 2014 年 9 月 2 日发布了《餐饮业经营管理办法（试行）》，自 2014 年 11 月 1 日起实施。

该试行办法明确了餐饮经营的概念；规范了企业的经营行为；明确餐饮企业要做好资源节约和综合利用工作；引导消费者节俭消费、适量点餐；处置好餐厨废弃物；不得销售不合格食品；禁止设置最低消费，对所售食品或提供的服务项目标价；在提供外送服务时，明示服务时间、外送范围和收费标准；建立健全顾客投诉制度及突发事件应急预案和应对机制；加强对餐饮主要从业人员的信用记录管理，将其纳入国家统一的信用信息平台；对行业协会的职责进行了界定，通过制定行业公约等方式引导餐饮经营者节约资源、反对浪费；同时明确了餐饮经营者出现违反本办法的行为时需承担的相关法律责任。

6. 食品相关产品质量安全监督管理暂行办法

为了加强食品相关产品质量安全监督管理，保障公众身体健康和生命安全，国家市场监督管理总局于 2022 年 10 月 8 日发布了《食品相关产品质量安全监督管理暂行办法》，自 2023 年 3 月 1 日起施行。

《食品相关产品质量安全监督管理暂行办法》共五章三十九条。办法所称食品相关产品，是指用于食品的包装材料、容器、洗涤剂、消毒剂和用于食品生产经营的工具、设备。其中，消毒剂的质量安全监督管理按照有关规定执行。

食品相关产品质量安全工作实行预防为主、风险管理、全程控制、社会共治，建立科学、严格的监督管理制度。办法以"四个最严"为主线，强化涵盖生产、销售、贮存、包装等关键环节的食品相关产品生产全过程控制；明确生产销售者"第一责任人"的主体责任和市场监管人员的属地监管责任，参照国家食品安全主体责任管理制度，要求生产者配备质量安全总监和质量安全员，食品相关产品生产许可实行告知承诺审批和全覆盖例行检查；同时，明确了违反本办法规定需承担的法律责任。

四、规范性文件

规范性文件的形式灵活多样，主要包括决定、规定、公告、通告、通知、办法、实施细则、意见、复函批复、指南等。规范性文件规定的内容广泛，涉及食品生产经营监管的方方面面。

　　规范性文件的数量众多，各食品监管部门均发布了较多的食品相关规范性文件。如原国家食品药品监督管理总局发布的规范性文件有《总局办公厅关于进一步加强食品添加剂生产监管工作的通知》《总局关于印发食品生产许可审查通则的通知》《总局关于印发食品生产经营风险分级管理办法（试行）的通知》等。国家市场监督管理总局发布的规范性文件有《市场监管总局关于仅销售预包装食品备案有关事项的公告》《关于进一步加强婴幼儿谷类辅助食品监管的规定》《特殊食品注册现场核查工作规程（暂行）》等。国家卫生健康委员会发布的规范性文件有《按照传统既是食品又是中药材的物质目录管理规定》《食品安全风险评估管理规定》《食品安全风险监测管理规定》等。海关总署发布的规范性文件有《出口食品生产企业申请境外注册管理办法》等。国家认证认可监督管理委员会发布的规范性文件有《食品安全管理体系认证实施规则》等。

第三节　食品标准基础知识

食品标准是食品工业领域各类标准的总和，我国食品标准从无到有、从重要食品到一般食品的覆盖，最终形成以食品安全国家标准为核心，以展现地方特色及风俗的地方标准、统一技术要求的行业标准、体现市场经济行为的团体标准和企业标准为补充的食品标准体系。

一、我国食品标准概况

1. 标准概念

目前对于标准的概念有两种。一是来源于《中华人民共和国标准化法》的规定：标准（含标准样品）是指农业、工业、服务业以及社会事业等领域需要统一的技术要求。二是来源于《标准化工作指南 第 1 部分：标准化和相关活动的通用术语》（GB/T 20000.1）的定义：通过标准化活动，按照规定的程序经协商一致制定，为各种活动或其结果提供规则、指南或特性，供共同使用和重复使用的文件。其中标准化是为了在既定范围内获得最佳秩序，促进共同效益，对现实问题或潜在问题确立共同使用和重复使用的条款以及编制、发布和应用文件的活动。

2. 标准管理

根据《中华人民共和国标准化法》规定，标准包括国家标准、行业标准、地方标准、团体标准和企业标准。国家标准分为强制性国家标准、推荐性国家标准以及国家标准化指导性技术文件，行业标准、地方标准是推荐性标准，强制性标准必须执行。国家鼓励采用推荐性标准。这里需要注意的是，法律法规另有规定的从其规定，如根据《中华人民共和国食品安全法》的规定，食品安全地方标准为强制性标准。

标准的制定、实施以及监督管理服从《中华人民共和国标准化法》，该法是规范标准化工作的基本法律，同时为了加强标准管理，有针对性地规范标准的制定、实施和监督，各个类型的标准由配套的法规进行管理，如《国家标准管理办法》《行业标准管理办法》等。

食品、粮油等行业领域的标准还应符合其特有的规定，如食品安全国家标准的管理应符合《食品安全标准管理办法》的要求；粮油行业领域的标准管理应符合《粮食和物资储备标准化工作管理办法》。表 1-1 为各类型标准代号、含义、标准号组成、标准约束力、对应管理办法及示例。

表 1-1　各类型标准代号、含义、标准号组成、标准约束力、对应管理办法及示例

标准类型	代号	含义	标准号组成	标准约束力	对应管理办法	示例
国家标准	GB	强制性国家标准	GB 国家标准发布的顺序号—国家标准发布的年代号	强制性	《强制性国家标准管理办法》《食品安全标准管理办法》	《限制商品过度包装要求 食品和化妆品》（GB 23350—2021）、《食品安全国家标准 复合调味料》（GB 31644—2018）
	GB/T	推荐性国家标准	GB/T 国家标准发布的顺序号—国家标准发布的年代号	推荐性	《国家标准管理办法》	《干迷迭香》（GB/T 22301—2021）
	GB/Z	国家标准化指导性技术文件	GB/Z 国家标准化指导性技术文件发布的顺序号—国家标准发布的年代号	推荐性	《国家标准管理办法》《国家标准化指导性技术文件管理规定》	《农产品追溯要求 蜂蜜》（GB/Z 40948—2021）
行业标准	NY/T、QB/T 等	农业行业标准/轻工行业标准等	行业标准代号 标准顺序号—年代号	推荐性	《行业标准管理办法》	《坚果炒货产品追溯技术规范》（GH/T 1362—2021）
地方标准	DBS	食品安全地方标准	DBS 行政区划代码/顺序号—年代号	强制性	地方行政主管部门发布的食品安全地方标准管理办法	《食品安全地方标准 螺蛳鸭脚煲》（DBS 45/ 066—2020）
	DB××/T，×× 为行政区划代码	推荐性地方标准	DB××/T 顺序号—年代号	推荐性	《地方标准管理办法》及地方行政主管部门发布的地方标准管理办法	《巴旦木仁果品质量分级》（DB65/T 3156—2021）
团体标准	T/	团体标准	T/ 社会团体代号 团体标准顺序号—年代号	推荐性	《团体标准管理规定》	《食品安全管理职业技能等级要求》（T/FDSA 012—2021）
企业标准	Q/	企业标准	一般格式：Q/（企业代号）（顺序号）S—（四位年代号）	/	《企业标准化促进办法》及地方行政主管部门发布的企业标准管理规定	《焙烤调理奶油》（Q/FMT 001S—2021）

注：食品标准根据政策的变化经过多次清理整合及调整，目前仍有部分特殊情况存在。

（1）国家标准管理

对农业、工业、服务业以及社会事业等领域需要在全国范围内统一的技术要求，可以制定国家标准（含国家标准样品）。对保障人身健康和生命财产安全、国家安全、生态环境安全以及满足经济社会管理基本需要的技术要求，应当制定强制性国家标准。食品安全国家标准以保障公众身体健康为宗旨，为强制性标准。对满足基础通用、与强制性国家标准配套、对各有关行业起引领作用等需要的技术要求，可以制定推荐性国家标准。

强制性国家标准由国务院批准发布或者授权批准发布。推荐性国家标准由国务院标准化行政主管部门统一发布。强制性国家标准的代号为"GB"，推荐性国家标准的代号为"GB/T"。国家标准的编号由国家标准的代号、国家标准发布的顺序号和国家标准发布的年代号构成。

（2）行业标准管理

对没有国家标准、需要在全国某个行业范围内统一的技术要求，可以制定行业标准。行业标准由国务院有关行政主管部门制定，报国务院标准化行政主管部门备案。

行业标准代号由国务院标准化行政主管部门规定。食品行业相关的行业标准代号主要有农业标准 NY、水产标准 SC、轻工标准 QB、机械标准 JB、化工标准 HG、包装标准 BB、国内贸易标准 SB、认证认可标准 RB、粮食标准 LS、林业标准 LY、卫生标准 WS、供销合作标准 GH、安全生产标准 AQ 等。行业标准的编号由行业标准代号、标准顺序号及年代号组成。

（3）地方标准管理

为满足地方自然条件、风俗习惯等特殊技术要求，可以制定地方标准。地方标准由省、自治区、直辖市人民政府标准化行政主管部门制定；地方标准由省、自治区、直辖市人民政府标准化行政主管部门报国务院标准化行政主管部门备案，由国务院标准化行政主管部门通报国务院有关行政主管部门。

对地方特色食品，没有食品安全国家标准的，省、自治区、直辖市人民政府卫生行政部门制定并公布食品安全地方标准，是强制性标准。

地方标准一般由地方市场监督管理部门统一审批和发布。根据《地方标准管理办法》的规定，地方标准的编号，由地方标准代号、顺序号和年代号三部分组成。省级地方标准代号，由"DB"加上其行政区划代码前两位数字组成。市级地方标准代号，由"DB"加上其行政区划代码前四位数字组成。

食品安全地方标准由省、自治区、直辖市卫生行政部门发布，食品安全地方标准的编号一般由字母"DBS"加上省、自治区、直辖市行政区划代码前两位数加斜线以及标准顺序号与年代号组成。

（4）团体标准管理

国家鼓励学会、协会、商会、联合会、产业技术联盟等社会团体协调相关市场主体共同制定满足市场和创新需要的团体标准，由本团体成员约定采用或者按照本团体的规定供社会自愿采用。

团体标准一般由依法成立的学会、协会、商会、联合会、产业技术联盟等社会团体发布。我国实行团体标准自我声明公开和监督制度。国务院标准化行政主管部门会同国务院有关行政主管部门对团体标准的制定进行规范、引导和监督。《团体标准管理规定》中明确团体标准编号依次由团体标准代号、社会团体代号、团体标准顺序号和年代号组成。

（5）企业标准管理

国家鼓励食品生产企业制定严于食品安全国家标准或者地方标准的企业标准，在本企业适用。食品生产企业不得制定低于食品安全国家标准或者地方标准要求的企业标准。食品生产企业制定食品安全指标严于食品安全国家标准或者地方标准的企业标准的，应当报省、自治区、直辖市人民政府卫生行政部门备案。食品生产企业制定企业标准的，应当公开，供公众免费查阅。

食品生产企业对备案的企业标准负责，是企业标准的第一责任人。

企业标准的编号由企业编制，一般格式为：Q/（企业代号）（四位顺序号）S—（四位年代号），企业标准备案号格式一般为：（省级行政区划代码前四位）（四位顺序号）S—（四位年代号）。

北京、四川、湖南、湖北等多个省、自治区、直辖市卫生行政部门相继出台了食品企业标准备案办法，如北京市卫生健康委员会 2020 年 4 月发布了《北京市食品企业标准备案办法》并于 2020 年 6 月实施，详细规定了适用范围、责任人、备案及管理部门、标准内容、标准代号、办理形式、备案处理、标准公开、标准备案登记号、有效期、修订重新备案情况、注销备案情况等内容。

《中华人民共和国标准化法》中规定企业执行自行制定的企业标准的，还应当公开产品、服务的功能指标和产品的性能指标。国家鼓励企业标准通过标准信息公共服务平台向社会公开。

二、我国食品安全标准体系

1. 食品安全标准体系

20 世纪 50 年代，卫生部发布了酱油中砷的限量标准，标志着我国食品标准开始起步。20 世纪 60 年代初刚刚萌芽的"标准化"管理理念推动食品工业标准化拉开序幕。2013 年"最严谨的标准、最严格的监管、最严厉的处罚、最严肃的问责"即"四个最严"的提出，最严谨的标准成为保障食品安全的前提和基础。随着食品工业的发展进入新的阶段，食品标准化建设也得到了大力加强。经过多轮机构改革和职能调整，食品安全标准工作管理机制更加完善，机构运转更加有效，标准体系建设也更加优化，食品安全国家标准体系初步建成。

食品安全标准是对食品中各种影响消费者健康的危害因素进行控制的技术标准。《中华人民共和国食品安全法》规定，食品安全标准为强制性标准。

> 第二十五条 食品安全标准是强制执行的标准。除食品安全标准外，不得制定其他食品强制性标准。

食品安全标准是食品生产经营者必须遵循的最低要求，是食品能够合法生产、进入消费市场的门槛；其他非食品安全方面的食品标准是食品生产经营者自愿遵守的，可以为组织生产、提高产品品质提供指导，以增加产品的市场竞争力。

食品生产经营者应当依照法律、法规和食品安全标准从事生产经营活动，建立健全食品安全管理制度，采取有效管理措施，保证食品安全。食品生产经营者对其生产经营的食品安全负责，对社会和公众负责，承担社会责任。

《中华人民共和国食品安全法》第二十六条规定了食品安全标准应当包括的内容：

> 第二十六条 食品安全标准应当包括下列内容：
> （一）食品、食品添加剂、食品相关产品中的致病性微生物，农药残留、兽药残留、生物毒素、重金属等污染物质以及其他危害人体健康物质的限量规定；
> （二）食品添加剂的品种、使用范围、用量；
> （三）专供婴幼儿和其他特定人群的主辅食品的营养成分要求；
> （四）对与卫生、营养等食品安全要求有关的标签、标志、说明书的要求；

（五）食品生产经营过程的卫生要求；

（六）与食品安全有关的质量要求；

（七）与食品安全有关的食品检验方法与规程；

（八）其他需要制定为食品安全标准的内容。

食品安全国家标准和食品安全地方标准是我国食品安全标准体系的重要组成部分，其中，食品安全国家标准是我国食品安全标准体系的主体，我国食品安全国家标准包括通用标准、产品标准、生产经营规范标准以及检验方法与规程标准，食品安全地方标准的分类与食品安全国家标准相似。

（1）通用标准

通用标准也称基础标准，在食品安全国家标准体系中，食品安全通用标准涉及各个食品类别，覆盖各类食品安全健康危害物质，对具有一般性和普遍性的食品安全危害和控制措施进行了规定。因涉及的食品类别多、范围广，标准的通用性强，通用标准构成了标准体系的网底。通用标准是从健康影响因素出发，按照健康影响因素的类别，制定出各种食品、食品相关产品的限量要求、使用要求或标示要求。

（2）产品标准

产品标准是从食品、食品添加剂、食品相关产品出发，按照产品的类别，制定出各种健康影响因素的限量要求、使用要求或标示要求，规定了各大类食品、食品添加剂、食品相关产品的定义、感官、理化和微生物等要求。

（3）生产经营规范标准

生产经营规范标准规定了食品生产经营过程控制和风险防控要求，具体包括了对食品原料、生产过程、运输和贮存、卫生管理等生产经营过程安全的要求。

（4）检验方法与规程标准

检验方法与规程标准规定了理化检验、微生物学检验和毒理学检验规程的内容，其中理化检验方法和微生物学检验方法主要与通用标准、产品标准的各项指标相配套，服务于食品安全监管和食品生产经营者的管理需要。检验方法与规程标准一般包括各项限量指标检验所使用的方法及其基本原理、仪器和设备以及相应的规格要求、操作步骤、结果判定和报告内容等方面。

我国的食品安全国家标准体系见图 1-1。

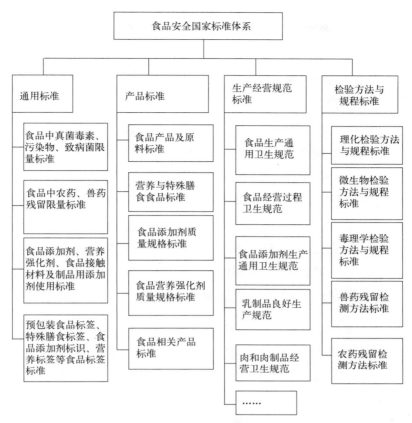

图 1-1　食品安全国家标准体系

2. 部分通用食品安全国家标准介绍

（1）《食品安全国家标准 食品中真菌毒素限量》(GB 2761)

真菌毒素是指真菌在生长繁殖过程中产生的次生有毒代谢产物。《食品安全国家标准 食品中真菌毒素限量》（GB 2761）标准规定了食品中黄曲霉毒素 B_1、黄曲霉毒素 M_1、脱氧雪腐镰刀菌烯醇、展青霉素、赭曲霉毒素 A 及玉米赤霉烯酮的限量指标。标准规定了应用原则及真菌毒素的限量指标要求及检测方法，附录为食品类别（名称）的说明。

（2）《食品安全国家标准 食品中污染物限量》(GB 2762)

污染物是指食品在从生产（包括农作物种植、动物饲养和兽医用药）、加工、包装、贮存、运输、销售，直至食用等过程中产生的或由环境污染带入的、非有意加入的化学性危害物质。《食品安全国家标准 食品中污染物限量》（GB 2762）所规定的污染物是指除农药残留、兽药残留、生物毒素和放射性物质以外的污染物。该标准规定了食品中铅、镉、汞、砷、锡、镍、铬、亚硝酸盐、硝酸盐、苯并［a］芘、N, N- 二甲基亚硝胺、多氯联苯、3- 氯 -1, 2- 丙二醇的限量指标。标准规定了应用原则及污染物的限量指标要求及检测方法，附录为食品类别（名称）的说明。

（3）《食品安全国家标准 预包装食品中致病菌限量》（GB 29921）和《食品安全国家标准 散装即食食品中致病菌限量》（GB 31607）

食品中致病菌污染是导致食源性疾病的重要原因，预防和控制食品中致病菌污染是食品安全风险管理的重点内容。根据我国行业发展现况，考虑致病菌或其代谢产物对健康造成实际或潜在危害的可能、食品原料中致病菌污染风险、加工过程对致病菌的影响以及贮藏、销售和食用过程中致病菌的变化等因素，《食品安全国家标准 预包装食品中致病菌限量》（GB 29921）和《食品安全国家标准 散装即食食品中致病菌限量》（GB 31607）两项通用标准构成了我国食品中致病菌的限量标准，有助于保障食品安全和消费者健康，强化食品生产、加工和经营全过程管理，助推行业提升管理水平和健康发展。

《食品安全国家标准 预包装食品中致病菌限量》（GB 29921）适用于乳制品、肉制品、水产制品、即食蛋制品、粮食制品、即食豆制品、巧克力类及可可制品、即食果蔬制品、饮料、冷冻饮品、即食调味品、坚果籽类食品、特殊膳食用食品等类别的预包装食品，不适用于执行商业无菌要求的食品、包装饮用水、饮用天然矿泉水。标准规定了沙门氏菌、金黄色葡萄球菌、致泻大肠埃希氏菌、副溶血性弧菌、单核细胞增生李斯特氏菌、克罗诺杆菌属 6 种致病菌指标在对应食品类别中的限量标准。附录为食品类别（名称）说明。

《食品安全国家标准 散装即食食品中致病菌限量》（GB 31607）适用于散装即食食品，不适用于餐饮服务中的食品、执行商业无菌要求的食品、未经加工或处理的初级农产品。标准规定了沙门氏菌、金黄色葡萄球菌、蜡样芽孢杆菌、单核细胞增生李斯特氏菌、副溶血性弧菌的限量。

（4）《食品安全国家标准 食品中农药最大残留限量》（GB 2763）和《食品安全国家标准 食品中兽药最大残留限量》（GB 31650）

《食品安全国家标准 食品中农药最大残留限量》（GB 2763）标准规定了 2，4-滴丁酸（2，4-DT）等农药在对应食品类别中的最大残留限量，标准的技术要求主要包括农药名称、主要用途、每日允许摄入量（ADI）、残留物和最大残留限量、检测方法。附录为食品类别及测定部位说明及豁免制定食品中最大残留限量标准的农药。

兽药残留是指对食品动物用药后，动物产品的任何可食用部分中所有与药物有关的物质的残留，包括药物原型或 / 和其代谢产物。《食品安全国家标准 食品中兽药最大残留限量》（GB 31650）为通用标准，适用于与最大残留限量相关的动物性食品。标准规定了动物性食品中阿苯达唑等兽药的最大残留限量；规定了醋酸等允许用于食品动物，但不需要制定残留限量的兽药；规定了氯丙嗪等允许作治疗用，但不得在动物性食品中检出的兽药。标准的技术要求主要包括兽药名称、兽药分类、每日允许摄入量（ADI）、残留标志物、最大残留限量等。

2022 年 9 月 20 日，我国发布了《食品安全国家标准 食品中 41 种兽药最大残留限量》（GB 31650.1—2022），自 2023 年 2 月 1 日起实施。

2022 年 11 月 11 日，我国发布了《食品安全国家标准 食品中 2, 4- 滴丁酸钠盐等 112 种农药最大残留限量》（GB 2763.1—2022），自 2023 年 5 月 11 日起实施。

（5）《食品安全国家标准 食品添加剂使用标准》（GB 2760）

食品添加剂是指为改善食品品质和色、香、味，以及为防腐、保鲜和加工工艺的需要而加入食品中的人工合成或者天然物质。食品用香料、胶基糖果中基础剂物质、食品工业用加工助剂也包括在内。《食品安全国家标准 食品添加剂使用标准》（GB 2760）规定了食品添加剂的使用原则、允许使用的食品添加剂品种、使用范围及最大用量，包括正文和附录两个部分：正文主要规定了食品添加剂的含义、使用原则、食品分类系统、食品添加剂的使用规定等；附录规定了食品添加剂、食品用香料、食品工业用加工助剂的使用规定，食品添加剂功能类别和食品分类系统等内容。

（6）《食品安全国家标准 食品营养强化剂使用标准》（GB 14880）

食品营养强化剂是指为了增加食品的营养成分（价值）而加入食品中的天然或人工合成的营养素和其他营养成分。《食品安全国家标准 食品营养强化剂使用标准》（GB 14880）包括范围、术语和定义、营养强化的主要目的、使用营养强化剂的要求、可强化食品类别的选择要求、营养强化剂的使用规定、食品类别（名称）说明和营养强化剂质量标准八个部分。四个附录从四个不同方面进行了规定：营养强化剂在食品中的使用范围、使用量应符合附录 A 的要求；允许使用的化合物来源应符合附录 B 的规定；特殊膳食用食品中营养素及其他营养成分的含量按相应的食品安全国家标准执行，允许使用的营养强化剂及化合物来源应符合该标准附录 C 和（或）相应产品标准的要求；附录 D 食品类别（名称）说明用于界定营养强化剂的使用范围，只适用于该标准。如允许某一营养强化剂应用于某一食品类别（名称）时，则允许其应用于该类别下的所有类别食品，另有规定的除外。

（7）《食品安全国家标准 预包装食品标签通则》（GB 7718）

《食品安全国家标准 预包装食品标签通则》（GB 7718）对预包装食品标签标示的内容作出了详细规定，指导和规范了预包装食品标签标示的内容，适用于直接提供给消费者的预包装食品标签和非直接提供给消费者的预包装食品标签。其主要内容包括预包装食品标签的基本要求、直接向消费者提供的预包装食品标签标示内容、非直接提供给消费者的预包装食品标签标示内容、豁免的标示内容、推荐标示的内容及其他要求。附录为包装物或包装容器最大表面积计算方法、食品添加剂在配料表中的标示形式、部分标签项目的推荐标示形式。

（8）《食品安全国家标准 预包装食品营养标签通则》（GB 28050）

《食品安全国家标准 预包装食品营养标签通则》（GB 28050）规定了预包装食品营养标签的基本要求、强制标示内容、可选择标示内容、营养成分的表达方式、营养声称用语及其条件等内容，适用于预包装食品营养标签上营养信息的描述和说明，不适用于保健食品及预包装特殊膳食用食品的营养标签标示。附录为食品标签营养素参考值（NRV）及其使用方法，营养标签格式，能量和营养成分含量声称和比较声称的要求、条件和同义语，能量和营养成分功能声称标准用语。

第四节　食品安全监管机构与制度

我国食品安全监管机构历经数次改革，目前形成了以国家市场监督管理总局、国家卫生健康委员会、农业农村部和海关总署为主的食品安全监管体系。我国针对食品安全监管，建立了一系列监管制度。

一、我国食品安全监管机构及职能

2009 年我国颁布了《食品安全法》，为贯彻落实《食品安全法》，切实加强对食品安全工作的领导，2010 年 2 月 6 日，国务院决定设立国务院食品安全委员会，作为国务院食品安全工作的高层次议事协调机构。设立国务院食品安全委员会办公室，作为国务院食品安全委员会的办事机构。国务院食品安全委员会的主要职责是分析食品安全形势，研究部署、统筹指导食品安全工作，提出食品安全监管的重大政策措施，督促落实食品安全监管责任。

我国的食品安全监管机构包括立法机构、行政机构和司法机构。其中立法机构是全国人民代表大会及其常务委员会，负责制定国家法律；行政机构是国家市场监督管理总局、海关总署等食品安全监管部门；司法机构是最高人民法院和最高人民检察院。

为加强食品药品监督管理，提高食品药品安全质量水平，2013 年，国务院机构改革，将国务院食品安全委员会办公室的职责、国家食品药品监督管理局的职责、国家质量监督检验检疫总局的生产环节食品安全监督管理职责、国家工商行政管理总局的流通环节食品安全监督管理职责整合，组建国家食品药品监督管理总局。其主要职责是对生产、流通、消费环节的食品安全和药品的安全性、有效性实施统一监督管理等。将工商行政管理、质量技术监督部门相应的食品安全监督管理队伍和检验检测机构划转食品药品监督管理部门，保留国务院食品安全委员会，不再保留单设的国务院食品安全委员会办公室。

2018 年，国务院机构再次改革，将国家工商行政管理总局的职责、国家质量监督检验检疫总局的职责、国家食品药品监督管理总局的职责、国家发展和改革委员会的价格监督检查与反垄断执法职责、商务部的经营者集中反垄断执法以及国务院反垄断委员会办公室等职责整合，组建国家市场监督管理总局，作为国务院直属机构，保留国务院食品安全委员会、国务院反垄断委员会，具体工作由国家市场监督管理总局承担。

除国家市场监督管理总局外，我国与食品安全监管有关的机构还包括国家卫生健康委员会、海关总署、农业农村部、商务部、国家粮食和物资储备局等。我国国家层面的食品安全监管机构框架见图1-2。

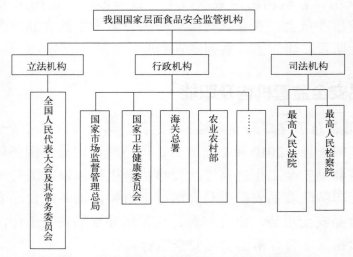

图1-2 我国国家层面食品安全监管机构框架

1. 国家市场监督管理总局

国家市场监督管理总局是国务院正部级直属机构，负责市场综合监督管理，负责市场主体统一登记注册，负责组织和指导市场监管综合执法工作，负责反垄断统一执法，负责监督管理市场秩序，负责宏观质量管理，负责产品质量安全监督管理，负责食品安全监督管理综合协调，负责食品安全监督管理等。

国家市场监督管理总局内设机构中与食品安全监督管理工作相关的主要司局包括食品安全协调司、食品生产经营安全监督管理司、餐饮食品安全监督管理司、特殊食品安全监督管理司、食品安全抽检监测司、网络交易监督管理司、广告监督管理司等。

（1）食品安全协调司

主要工作职责包括：拟订推进食品安全战略的重大政策措施并组织实施；承担统筹协调食品全过程监管中的重大问题，推动健全食品安全跨地区跨部门协调联动机制工作；承办国务院食品安全委员会日常工作。

（2）食品生产经营安全监督管理司

主要工作职责包括：分析掌握生产、流通领域食品安全形势，拟订食品生产、流通监督管理和食品生产者落实主体责任的制度措施，组织实施并指导开展监督检查工作；组织食盐生产经营质量安全监督管理工作；组织查处相关重大违法行为；指导企业建立健全食品安全可追溯体系。

（3）餐饮食品安全监督管理司

主要工作职责包括：分析掌握餐饮服务领域食品安全形势，拟订餐饮服务、市场销售食用农产品监督管理和餐饮服务、市场销售食用农产品经营者落实主体责任的制度措施，组织实施并指导开展监督检查工作；组织实施餐饮质量安全提升行动；指导重大活动食品安全保障工作；组织查处相关重大违法行为。

（4）特殊食品安全监督管理司

主要工作职责包括：分析掌握保健食品、特殊医学用途配方食品和婴幼儿配方乳粉等特殊食品领域安全形势，拟订特殊食品注册、备案和监督管理的制度措施并组织实施；组织查处相关重大违法行为。

（5）食品安全抽检监测司

主要工作职责包括：拟订全国食品安全监督抽检计划并组织实施，定期公布相关信息；督促指导不合格食品核查、处置、召回；组织开展食品安全评价性抽检、风险预警和风险交流；参与制定食品安全标准、食品安全风险监测计划，承担风险监测工作，组织排查风险隐患。

（6）网络交易监督管理司

主要工作职责包括：拟订实施网络商品交易及有关服务监督管理的制度措施；组织指导协调网络市场行政执法工作；组织指导网络交易平台和网络经营主体规范管理工作；组织实施网络市场监测工作；依法组织实施合同、拍卖行为监督管理。

（7）广告监督管理司

主要工作职责包括：拟订实施广告监督管理的制度措施，组织指导保健食品、特殊医学用途配方食品等广告审查工作；组织查处虚假广告等违法行为。

2. 国家卫生健康委员会

2018 年，国务院机构改革，批准成立国家卫生健康委员会。国家卫生健康委员会是国务院正部级组成部门，其内设机构与食品安全监管相关的主要为食品安全标准与监测评估司。

食品安全标准与监测评估司主要职责包括：组织拟订食品安全国家标准，开展食品安全风险监测、评估和交流，承担新食品原料、食品添加剂新品种、食品相关产品新品种的安全性审查工作。

此外，经中央机构编制委员会办公室批准，成立了属于国家卫生健康委员会事业单位的国家食品安全风险评估中心。

国家食品安全风险评估中心的主要职责包括：开展食品安全风险监测、风险评估、标准管理等相关工作；拟订国家食品安全风险监测计划，开展食品安全风险监测工作，按规定报送监测数据和分析结果；拟订食品安全风险评估技术规范，承担食品安全风险评估相关工作，对食品、食品添加剂、食品相关产品中生物性、化学性和物理性危害因素进行风险评估，向国家卫生健康委员会报告食品安全风险评估结果等信息；开展食品安全相关科学研究、成果转化、检测服务、信息化建设、技术培训和科普宣教工作；承担食品安全风险监测、评估、标准、营养等信息的风险交流工作；承担食品安全标准的技术管理工作，承担国民营养计划实施的技术支持工作；开展食品安全风险评估领域的国际合作与交流；承担国家食品安全风险评估专家委员会、食品安全国家标准审评委员会等机构秘书处工作等。

3. 农业农村部

农业农村部作为国务院正部级组成部门，其主要职责包括：负责种植业、畜牧业、渔业、农垦、农业机械化等农业各产业的监督管理；负责农产品质量安全监督管理；负责有关农业生产资料和农业投入品的监督管理等。农业农村部内设机构中涉及食品监管的机构包括农产品质量安全监管司、种植业管理司（农药管理司）、畜牧兽医局等。

（1）农产品质量安全监管司

主要职责包括：组织实施农产品质量安全监督管理有关工作；指导农产品质量安全监管体系、检验检测体系和信用体系建设；承担农产品质量安全标准、监测、追溯、风险评估等相关工作。

（2）种植业管理司（农药管理司）

主要职责包括：起草种植业发展政策、规划；指导种植业结构和布局调整及标准化生产工作，发布农情信息；承担发展节水农业和抗灾救灾相关工作；承担肥料有关监督管理以及农药生产、经营和质量监督管理，指导农药科学合理使用；承担国内和出入境植物检疫、农作物重大病虫害防治有关工作。

（3）畜牧兽医局

主要职责包括：起草畜牧业、饲料业、畜禽屠宰行业、兽医事业发展政策和规划；监督管理兽医医政、兽药及兽医器械；指导畜禽粪污资源化利用；监督管理畜禽屠宰、饲料及其添加剂、生鲜乳生产收购环节质量安全；组织实施国内动物防疫检疫；承担兽医国际事务、兽用生物制品安全管理和出入境动物检疫有关工作。

4. 海关总署

海关总署是国务院正部级直属机构，成立于 1949 年。2018 年，国务院机构改革，将出入境检验检疫管理职责和队伍划归海关总署。海关总署负责食品进出口管理的主要内设机构包括进出口食品安全局、动植物检疫司、企业管理和稽查司、口岸监管司等。

（1）进出口食品安全局

主要职责包括：拟订进出口食品、化妆品安全和检验检疫的工作制度，依法承担进口食品企业备案注册和进口食品、化妆品的检验检疫、监督管理工作，按分工组织实施风险分析和紧急预防措施工作，依据多双边协议承担出口食品相关工作。

（2）动植物检疫司

主要工作职责包括：拟订出入境动植物及其产品检验检疫的工作制度，承担出入境动植物及其产品的检验检疫、监督管理工作，按分工组织实施风险分析和紧急预防措施，承担出入境转基因生物及其产品、生物物种资源的检验检疫工作。

（3）企业管理和稽查司

主要工作职责包括：拟订海关信用管理制度并组织实施，拟订加工贸易等保税业务的管理制度并组织实施，拟订海关稽查及贸易调查、市场调查等制度并组织实施，承担货物"出口申报前监管""进口放行后检查"等工作任务。

（4）口岸监管司

主要工作职责包括：拟订进出境运输工具、货物、物品、动植物、食品、化妆品和人员的海关检查、检验、检疫工作制度并组织实施，拟订物流监控、监管作业场所及经营人管理的工作制度并组织实施，拟订进出境邮件快件、暂准进出境货物、进出境展览品等监管制度并组织实施，承担国家禁止或限制进出境货物、物品的监管工作，承担海关管理环节的反恐、维稳、防扩散、出口管制等工作，承担进口固体废物、进出口易制毒化学品等口岸管理工作。

二、我国食品安全监管部门间分工

我国食品安全监管虽涉及较多政府部门，但责任分工很明确。目前，国家市场监督管理总局主要与国家卫生健康委员会、海关总署、农业农村部在食品安全监督管理方面存在分工合作关系。另外，海关总署与农业农村部在动植物检验检疫等工作方面也存在分工合作的情况。

1. 国家市场监督管理总局与国家卫生健康委员会的职责分工

国家卫生健康委员会负责食品安全风险评估工作，会同国家市场监督管理总局等部门制定、实施食品安全风险监测计划。国家市场监督管理总局在监督管理工作中发现需要进行食品安全风险评估的，应当及时向国家卫生健康委员会提出建议。国家卫生健康委员会对通过食品安全风险监测或者接到举报发现食品可能存在安全隐患的，应当立即组织进行检验和食品安全风险评估，并及时向国家市场监督管理总局通报食品安全风险评估结果，对于得出不安全结论的食品，国家市场监督管理总局应当立即采取措施。

2. 国家市场监督管理总局与海关总署的职责分工

为避免对各类进出口商品进行重复检验、重复收费、重复处罚，减轻企业负担，海关总署与国家市场监督管理总局两部门要建立合作机制。对于境外发生的食品安全事件可能对我国境内造成影响，或者在进口食品中发现严重食品安全问题的，海关总署应当及时采取风险预警或者控制措施，并向国家市场监督管理总局通报，国家市场监督管理总局应当及时采取相应措施。海关总署在口岸检验监管中发现不合格或存在安全隐患的进口产品，依法实施技术处理、退运、销毁，并向国家市场监督管理总局通报。国家市场监督管理总局统一管理缺陷产品召回工作，通过消费者报告、事故调查、伤害监测等获知进口产品存在缺陷的，依法实施召回措施；对拒不履行召回义务的，国家市场监督管理总局向海关总署通报，由海关总署依法采取相应措施。

3. 国家市场监督管理总局与农业农村部的职责分工

农业农村部负责食用农产品从种植养殖环节到进入批发、零售市场或者生产加工企业前的质量安全监督管理。食用农产品进入批发、零售市场或者生产加工企业后，由国家市场监督管理总局监督管理。

农业农村部负责动植物疫病防控、畜禽屠宰环节、生鲜乳收购环节质量安全的监督管理。农业农村部与国家市场监督管理总局两部门要建立食品安全产地准出、市场准入和追溯机制，加强协调配合和工作衔接，形成监管合力。

4. 海关总署与农业农村部的职责分工

海关总署会同农业农村部起草出入境动植物检疫法律法规草案；确定和调整禁止入境动植物名录并联合发布；制定并发布动植物及其产品出入境禁令、解禁令。农业农村部负责签署政府间动植物检疫协议、协定；海关总署负责签署与实施政府间动植物检疫协议、协定，以及动植物检疫部门间的协议等。

三、我国主要食品安全监管制度

我国对食品安全的监管有一套完整的制度，从食用农产品到食品生产加工，再到市场销售，每个环节都有其对应的监管制度，主要包括农产品质量安全制度、食品生产经营许可制度、特殊食品注册备案制度、食品安全风险监测和评估制度、食品生产经营监督检查制度、食品安全抽样检验制度、食品追溯制度、食品召回制度、进出口食品安全监管制度等。另外，我国对于食品相关产品的监管也很重视，相关监管制度也日益完善。我国食品安全监督管理制度明确了生产经营者、监督管理部门和地方人民政府的责任，加强了各监督管理部门的协调、配合，保障了人民群众的身体健康和生命安全。以下介绍我国主要的食品安全监管制度。

1. 农产品质量安全制度

根据《中华人民共和国食品安全法》的规定，供食用的源于农业的初级产品的质量安全管理，应遵守《中华人民共和国农产品质量安全法》的规定。但是，食用农产品的市场销售、有关质量安全标准的制定、有关安全信息的公布和《中华人民共和国食品安全法》对农业投入品作出规定的，应当遵守《中华人民共和国食品安全法》的规定。

《中华人民共和国食品安全法》规定，食用农产品生产者应当按照食品安全标准和国家有关规定使用农药、肥料、兽药、饲料和饲料添加剂等农业投入品，严格执行农业投入品使用安全间隔期或者休药期的规定，不得使用国家明令禁止的农业投入品。进入市场销售的食用农产品在包装、保鲜、贮存、运输中使用保鲜剂、防腐剂等食品添加剂和包装材料等食品相关产品，应当符合食品安全国家标准。

《中华人民共和国农产品质量安全法》从农产品质量安全标准、农产品产地、农产品生产、农产品包装和标识等方面，对农产品质量安全的监督管理进行了规定。

2. 食品生产经营许可制度

《中华人民共和国食品安全法》规定，国家对食品生产经营实行许可制度。在我国境内，从事食品生产、食品销售等，应当依法取得许可。但销售食用农产品，不需要取得许可。仅销售预包装食品的，应当报所在地县级以上地方人民政府食品安全监督管理部门备案。

为规范食品生产经营许可活动，加强食品生产经营监督管理，国家发布实施《食品生产许可管理办法》和《食品经营许可和备案管理办法》，规定了食品生产经营许可的申请、受理、审查、决定及其监督检查等内容。

另外，国家还制定了《食品生产许可审查通则》《食品经营许可审查通则》等文件，以配合食品生产经营许可制度的实施。

3. 食品生产经营监督检查制度

为贯彻落实《中华人民共和国食品安全法》有关要求，进一步督促食品生产经营者规范食品生产经营活动，2021年12月，国家市场监督管理总局颁布《食品生产经营监督检查管理办法》，细化对食品生产经营活动的监督管理、规范监督检查工作要求，将基层监管部门对生产加工、销售、餐饮服务企业的日常监督检查责任落到实处，督促企业把主体责任落到实处。

（1）食品生产环节监督检查

应当包括食品生产者资质、生产环境条件、进货查验、生产过程控制、产品检验、贮存及交付控制、不合格食品管理和食品召回、标签和说明书、食品安全自查、从业人员管理、信息记录和追溯、食品安全事故处置以及食品委托生产等情况。特殊食品生产环节还应当包括注册备案要求执行、生产质量管理体系运行、原辅料管理等情况。保健食品生产环节的监督检查要点还应当包括原料前处理等情况。

（2）食品销售环节监督检查

应当包括食品销售者资质、一般规定执行、禁止性规定执行、经营场所环境卫生、经营过程控制、进货查验、食品贮存、食品召回、温度控制及记录、过期及其他不符合食品安全标准的食品处置、标签和说明书、食品安全自查、从业人员管理、食品安全事故处置、进口食品销售、食用农产品销售、网络食品销售等情况。特殊食品销售环节还应当包括禁止混放要求落实、标签和说明书核对等情况。

（3）餐饮服务环节监督检查

应当包括餐饮服务提供者资质、从业人员健康管理、原料控制、加工制作过程、食品添加剂使用管理、场所和设备设施清洁维护、餐饮具清洗消毒、食品安全事故处置等情况。

4. 食品安全抽样检验制度

为提高食品安全监督管理的靶向性，加强食品安全风险预警，我国实行食品安全抽样检验制度。《中华人民共和国食品安全法》规定，县级以上人民政府食品安全监督管理部门应当对食品进行定期或者不定期的抽样检验。依据法定程序和食品安全标准等规定开展抽样检验，加强食品安全监督管理，保障公众身体健康和生命安全。

根据《中华人民共和国食品安全法》有关要求，结合食品安全抽样检验工作实际，国家市场监督管理总局发布《食品安全抽样检验管理办法》，市场监督管理部门按照科学、公开、公平、公正的原则，以发现和查处食品安全问题为导向，依法对食品生产经营活动全过程组织开展食品安全抽样检验工作。食品生产经营者应当依法配合市场监督管理部门组织实施的食品安全抽样检验工作。

5. 食品追溯制度

食品追溯是采集记录产品生产、流通、消费等环节信息，强化全过程质量安全管理与风险控制的有效手段。《中华人民共和国食品安全法》规定，国家建立食品安全全程追溯制度。食品生产经营者应当依照规定，建立食品安全追溯体系，确保记录真实完整，确保产品来源可查、去向可追、责任可究，保证食品可追溯。国家鼓励食品生产经营者采用信息化手段采集、留存生产经营信息，建立食品安全追溯体系。

国家市场监督管理总局会同农业农村部等有关部门建立食品安全全程追溯协作机制。国家建立统一的食用农产品追溯平台，建立食用农产品和食品安全追溯标准和规范，完善全程追溯协作机制。加强全程追溯的示范推广，逐步实现企业信息化追溯体系与政府部门监管平台、重要产品追溯管理平台对接，接受政府监督，互通互享信息。

6. 食品召回制度

《中华人民共和国食品安全法》规定，国家建立食品召回制度。食品生产者发现其生产的食品不符合食品安全标准或者有证据证明可能危害人体健康的，应当立即停止生产，召回已经上市销售的食品，通知相关生产经营者和消费者，并记录召回和通知情况。食品生产者认为应当召回的，应立即召回。食品经营者发现其经营的食品不符合食品安全标准或者有证据证明可能危害人体健康的，应当立即停止经营，通知相关生产经营者和消费者，并记录停止经营和通知情况。

7. 食品相关产品监管制度

《中华人民共和国食品安全法》规定，食品相关产品包括食品的包装材料、容器、洗涤剂、消毒剂和用于食品生产经营的工具、设备。生产食品相关产品应当符合法律、法规和食品安全国家标准。对直接接触食品的包装材料等具有较高风险的食品相关产品，按照国家有关工业产品生产许可证管理的规定实施生产许可。食品安全监督管理部门应当加强对食品相关产品生产活动的监督管理。

我国食品接触材料及制品相关的食品安全标准也已逐步制定并持续完善。目前，我国已发布实施《食品安全国家标准 食品接触材料及制品用添加剂使用标准》（GB 9685）、《食品安全国家标准 食品接触材料及制品生产通用卫生规范》（GB 31603）、GB 4806 系列产品标准以及 GB 31604 系列检测方法标准等。

对食品用洗涤剂、消毒剂等产品，我国也发布了相应的食品安全国家标准，并规定了其中允许使用的原料（成分）名单。

8. 特殊食品注册备案制度

特殊食品事关老人、婴幼儿、病患等特殊敏感群体的切身利益，是重大民生问题。我国对特殊食品实行注册备案制度，其中对婴幼儿配方乳粉产品配方、特殊医学用途配方食品实行注册制度，对保健食品实行注册和备案制度。

为严格婴幼儿配方乳粉产品配方注册管理，保证婴幼儿配方乳粉质量安全，国家市场监督管理总局发布了《婴幼儿配方乳粉产品配方注册管理办法》（国家市场监督管理总局令第 80 号），自 2023 年 10 月 1 日起施行。在中华人民共和国境内生产销售和进口的婴幼儿配方乳粉产品配方注册管理，适用该办法。

为规范特殊医学用途配方食品注册工作，加强注册管理，保证特殊医学用途配方食品的质量安全，国家市场监督管理总局制定颁布了《特殊医学用途配方食品注册管理办法》（国家市场监督管理总局令第 85 号），在中国境内生产销售和进口的特殊医学用途配方食品的注册管理，适用该办法。特殊医学用途配方食品生产企业应当按照批准注册的产品配方、生产工艺等技术要求组织生产，保证特殊医学用途配方食品安全。

根据《中华人民共和国食品安全法》的要求，我国对保健食品实行注册备案制度。保健食品注册，是指市场监督管理部门根据注册申请人申请，依照法定程序、条件和要求，对申请注册的保健食品的安全性、保健功能和质量可控性等相关申请材料进行系统评价和审评，并决定是否准予其注册的审批过程。保健食品备案，是指保健食品生产企业依照法定程序、条件和要求，将表明产品安全性、保健功能和质量可控性的材料提交市场监督管理部门进行存档、公开、备查的过程。为规范保健食品的注册与备案，2016 年国家食品药品监督管理总局发布《保健食品注册与备案管理办法》，并于 2020 年完成修订。在我国境内保健食品的注册与备案及其监督管理适用该办法。

9. 网络食品监管制度

目前没有法规对网络食品进行明确的定义，其定义可以参考比网络食品范围更广的网络商品。网络商品，是指通过互联网（含移动互联网）销售的商品或服务。由此可以引申网络食品的定义，网络食品指的是通过互联网销售的食品。

目前，我国网络食品安全监管主要沿用传统交易模式下的食品安全监管模式辅以互联网相关的法律法规。法律层面，网络食品经营首先须符合《食品安全法》的规定，《食品安全法》对网络食品监管提供了框架性规定，专门设置了针对第三方平台的食品安全管理义务和法律责任条款。对网络食品交易中第三方平台的实名登记审查、对网络经营者的监管等做出了规定，明确了第三方交易平台的监管责任。另外，网络食品经营本质上也是一种电子商务活动，应满足《电子商务法》的相关规定。

除了法律层面的要求，网络食品经营还应符合食品经营和直接与网络食品相关的法规要求，如《食品经营许可和备案管理办法》《网络食品安全违法行为查处办法》《网络交易监督管理办法》《网络购买商品七日无理由退货暂行办法》等。

上述网络食品相关法规对网络食品交易参与方的义务、网络食品安全违法行为查处管理、法律责任及责任判定等方面进行了详细的规定。

10. 进出口食品安全监管制度

2021 年，海关总署发布第 248 号令《中华人民共和国进口食品境外生产企业注册管理规定》、第 249 号令《中华人民共和国进出口食品安全管理办法》，使我国在海关进出口食品监管领域，基本形成以《进出口食品安全管理办法》为基础、《进口食品境外生产企业注册管理规定》为辅助、相关规范性文件为补充的法规体系，我国进出口食品安全监管制度更加完善。

第五节　食品合规管理基础知识

合规是任何组织生存和发展的基础。当前，国际社会和世界各国政府都致力于建立公平透明的社会秩序，我国亦不断推进法治社会的建设。食品生产经营企业作为我国重要的市场参与者，也越来越关注国家的监管要求，关注如何规避合规风险，实现生产经营活动的合规。

一、食品合规与食品合规管理的内容与范畴

1. 食品与食品合规

（1）食品与食用农产品

依据《中华人民共和国食品安全法》，食品是指各种供人食用或者饮用的成品和原料以及按照传统既是食品又是中药材的物品，但是不包括以治疗为目的的物品。食品是各类食物的总称，包括可食用的初级农产品、加工食品、按照传统既是食品又是中药材的物质（简称食药物质），但不包括药品。食品分布于农田到餐桌的各个环节，其来源包括各种动物、植物、微生物，以及动植物和微生物的加工品。

食品包括食用农产品，食用农产品是指在传统的种植、养殖、采摘、捕捞等农业活动，以及设施农业、生物工程等现代农业活动中获得的供人食用的植物、动物、微生物及其产品，包括在农业活动中直接获得的，以及经过分拣、去皮、剥壳、干燥、粉碎、清洗、切割、冷冻、打蜡、分级、包装等加工，但未改变其基本自然性状和化学性质的产品。

（2）食品合规

食品合规是食品安全的重要方面，国家通过制定一系列食品法律法规和食品安全标准来保障食品的安全，只有充分履行食品安全相关的合规义务，才能有效保障食品安全。食品合规是指食品生产经营企业的生产经营行为及结果需要满足食品相关法律法规、规章、标准、行业准则和企业章程、规章制度以及国际条约、规则等规定的全部要求和承诺。食品合规需要具备三个要素，即：合规主体——食品生产经营企业；合规义务——各类规定的全部要求；合规承诺——食品生产经营企业对其产品和服务的质量安全方面的承诺。

依据食品行业的特点，食品合规涵盖食品生产经营的全部过程和结果，通常

包括资质合规、生产经营过程合规和产品合规。各个方面的合规义务和合规管理的具体内容将在后续章节中介绍。

2. 食品合规管理

食品合规管理是指为了实现食品合规的目的，以企业和员工的生产经营行为为对象，开展包括制度制定、风险监测、风险识别、风险应对、合规审查、合规培训、持续改进等有组织、有计划的协调活动。

食品合规管理的目的是确保食品合规，预防和控制食品合规风险。与其他的管理体系相类似，食品合规管理不是一成不变的，而是一个策划、实施、检查和改进的循环过程。食品合规管理的对象涉及企业的人员、设施设备、所有原辅材料、相关产品及成品、半成品、制度文件工艺及记录、内外部环境及监视与测量等食品生产经营的方方面面。

食品生产经营企业为了达到食品合规管理目标，行之有效的办法是建立和实施食品合规管理体系。

二、食品合规管理的现状和趋势

1. 食品合规管理的现状

食品安全是食品行业的生命线，以往我国食品行业并未明确提出"合规管理"的概念，对于食品安全的监管主要靠对产品进行出厂检验来实施。"三聚氰胺"事件让人们意识到，单纯的产品检验并不能发现和避免所有的食品安全风险；相反，食品原料、生产过程乃至更上游的种养殖业和更下游的物流运输行业都有可能影响食品的安全。并且，随着行业的发展，越来越多的监管人员、企业技术人员、研究人员等食品从业人员都意识到"安全的食品是生产出来的，不是检验出来的"。随着行业对食品源头和过程控制的重视，食品合规管理的理念在一些企业开始逐步出现。修订后的《中华人民共和国食品安全法》明确我国食品安全工作实行预防为主、风险管控、全程控制、社会共治，建立科学、严格的监督管理制度。

目前，我国食品企业规模差别较大，管理水平参差不齐。一般来说，越是大规模的企业越重视合规管理，越能够有计划、有目的地开展合规管理工作。对于这些企业而言，虽然建设并实施食品合规管理体系的并不多，但却能在一些项目过程中开展一系列合规管理工作。在部门和人员方面，一些企业成立了法规部或者合规部，组建了专门的法规或者合规管理团队。在合规义务识别方面，企业全面收集和梳理其应该遵守的标准法规要求，按照品类、部门、人员、环节各个维度编写了合规义务手册。在合规风险识别方面，有的企业有专门人员或委托第三方机构定期收集与本企业相关的食品安全信息和大数据，进行风险识别评估。在风险防控方面，有的企业建立了食品合规风险防控系统，制定并实施了风险预防控制措施。

2. 食品合规管理的发展趋势

2020 年 12 月，由烟台富美特信息科技股份有限公司主导的食品合规管理1+X 职业技能等级评价，获得了教育部的批准，并通过《关于受权发布参与 1+X 证书制度试点的第四批职业教育培训评价组织及职业技能等级证书名单的通知》予以发布。食品合规管理首次正式在国家层面文件中出现。伴随着食品合规管理体系的提出和发展，未来我国食品合规管理将呈现以下三方面的趋势。

（1）人员职业化

由于食品合规管理职业技能培训和等级评价能够使人员全面系统地掌握食品合规管理的知识和技能，这部分人员将成为食品企业从事食品合规管理工作的重要力量。

（2）团队专业化

食品企业建立专门的合规管理团队，由专业合规技术人员从事包括食品合规义务识别、食品合规风险分析与评价、预防控制、食品合规问题处理和应对等工作，为食品合规管理体系的建设和实施奠定了专业化基础。

（3）合规全员化

随着合规管理体系的建立和实施，食品企业的全体员工都将具有合规管理的基础知识和基本技能，将合规意识灌输到每个岗位、每个环节的工作中去，实现合规全员化。

三、食品合规管理体系建设

食品合规管理体系是为保证食品企业合规，在对其合规义务进行识别、分析和评价的基础之上，建立包括组织架构、职责、策划、运行、规则、目标等相互关联或相互作用的完整要素。对于食品企业而言，在明确体系目标和框架、明确职能部门分工的基础上，遵循诚信、独立、全面的原则，整合其内外部资源，建立和实施食品合规管理体系，对实现有效的合规管理具有重要意义。

食品合规管理体系建设包括：食品合规理念的全员宣贯，食品合规文化、方针、目标、组织框架等策划，管理文件及制度建立等管理流程；结合食品行业法律法规、标准等要求，进行食品合规义务识别的过程；结合合规风险的严重程度和发生风险的可能性，对合规义务进行合规风险分析与评估，并对评估后的核心合规风险、关键合规风险、普通合规风险及一般合规风险等落实合规风险分级管理，制定科学有效的合规管理预防控制措施，进而实施系统化的食品合规管理体系并在评估的基础上持续改进的整个流程。

食品合规管理体系的建设过程如下所述。

1. 食品合规管理体系策划

食品生产经营企业应建立食品合规管理组织框架并赋予相应职能部门独立治理食品合规管理的职责和权限，确保所有的合规管理不受经济或其他因素的影响。同时对于相关人员或岗位明确相应的问责制度，确保食品合规管理的独立性和权威性。

企业组建合规治理小组，规划包括合规管理组织框架及治理小组的成员构成、职责和权限等，并确保充分识别出企业的合规管理人员。

食品合规管理机构和最高管理者应结合食品生产经营企业的组织划分，由涉及食品合规的主要部门组成相应的食品合规管理组织框架，明确具体成员组成，分配相关角色，明确其相应的职责和权限。

企业需制定合规管理方针或宗旨，以便引领企业更好地实现食品合规管理。食品合规方针是由企业负责人或最高管理者发布的食品合规的宗旨和战略方向，是企业实现食品合规的愿景和使命，为食品合规目标提供框架支持。食品合规方针具有强烈的号召力，需要全员统一认知并努力践行。

企业需制定合规管理目标，包括各部门的合规目标，以目标为导向，确保目标落地实施。食品合规目标是企业为满足合规要求而制定的需要实现的结果，包括企业的总合规目标，也包括分解到部门的合规目标。食品合规目标体现企业或部门的追求和期望，与食品合规方针保持一致，以实现食品合规、创造价值的结果。

2. 食品合规义务识别与评估

食品合规义务的识别与评估是食品合规管理的核心环节之一。食品企业需要了解食品合规义务和食品合规风险的内涵和外延，以便有针对性地开展风险防控工作。

食品合规义务是指食品相关法律法规、规章、标准、行业准则和企业章程、制度以及国际条约、规则等规定的全部要求和承诺的集合。食品合规义务主要来源是法律法规、部门规章、相关标准、行业规范、企业规章制度等明确要求企业履行的义务，也包括企业对社会、对消费者承诺应该履行的义务。履行食品合规义务属于食品生产经营企业应尽的责任，不受企业是否获利等因素影响，是食品生产经营企业一切活动的根本。不履行合规义务，就会产生一定的合规风险。

食品合规风险主要是指因食品生产经营企业未能遵守食品合规义务，可能遭受的法律制裁、监管处罚、经济损失和声誉危机等风险。尤其是一些涉及食品安全性的合规风险，可能会造成严重的食品安全事件及负面影响，严重时会危及企业生存，甚至给社会发展造成严重的影响。

食品合规管理的内容包括资质合规、生产过程合规和产品合规，合规义务的识别包括：对食品生产经营企业的资质合规义务进行识别并分析，落实相应的控制措施和合规管理体系要求；对食品生产过程涉及的食品合规义务进行识别和风险分析，并落实食品合规管理体系要求；对产品配料及质量安全指标进行食品合规义务识别和风险分析，确保食品的质量安全及标签的合规。

食品企业应根据识别出来的食品合规义务，针对合规风险发生的可能性和严重性进行识别与评价，必要时进行合规风险分级，按核心合规风险、关键合规风险等不同的风险级别进行分类管理，从而为核心合规风险和关键合规风险等重要的风险点分配足够的管理资源，妥善管理并预防核心合规风险和关键合规风险。

食品企业应依据不同的合规风险等级，策划制定相应的预防控制措施，落实具体的控制因素、控制频率、控制人员、控制手段及方法、监视与测量要求、纠偏措施及记录等预防式的控制要求，从而落实并完善控制措施，防止其偏离或产生合规风险。

同其他管理制度一样，合规管理的预防控制措施及纠偏措施的制定，也需要根据企业的发展情况不断更新完善。

3. 食品合规管理文件编制

食品合规管理文件主要用于指导食品合规管理体系有效运行和实施，并为体系实施过程中可能出现的问题提供指导性预防和纠偏措施。食品合规管理文件通常包括但不限于：文件化的食品合规文化、方针、目标及分解目标；法律法规及标准要求形成的文件；食品合规管理体系实施和运行所需要的文件、程序、制度和记录等。如《食品合规管理体系 要求及实施指南》中明确要求建立文件化的食品合规管理文化、方针和目标，文件化的食品合规管理组织框架及治理小组成员、职责和权限，合规治理组长任命，食品合规管理手册，合规义务，合规义务识别与评估程序，合规风险预防控制措施，合规人员培训计划，人员合规绩效考评制度，人员健康档案，内部审核程序，管理评审程序，合规演练控制程序，合规风险及隐患举报和汇报制度，合规案件调查制度，合规管理问责制度，食品合规报告制度等合规管理文件。

另外，依据《中华人民共和国食品安全法》等法律法规及《食品安全国家标准 食品生产通用卫生规范》（GB 14881）等标准需要建立的文件有进货查验管理制度、生产过程控制管理制度、出厂检验管理制度、不合格品控制程序、食品安全事故处置程序、追溯控制程序、召回控制程序等，具体依据法律法规和标准需要建立的所有文件，只要合规义务要求制定文件的，都必须要制定相应的文件或制度。

4. 食品合规管理体系试运行

企业需要把编写、审核并批准的文件按照文件控制程序进行管理，确保各部门和岗位使用的文件持续有效，并依据有效的文件进行操作规范培训，从而妥善落实文件的具体要求。落实做什么、怎么做、谁来做、做到什么程度、谁检查、是否记录等体系运行过程要求并记录上述要求的落实情况。通过培训，使相应岗位人员学会如何做才能满足具体规定的要求。

将企业合规义务清单，落实到相关部门或岗位，并按文件的要求实施相应的管理与记录，从而验证食品合规义务是否得到有效的落实与履行。

企业应对食品合规管理体系进行监控，以确保食品合规目标的实现。同时，应确定以下内容：需要被监控和测量的对象；监视、测量、分析、评价的方法，以确保有效的监控和测量结果；进行监视和测量的最佳时机；对监视和测量的结果进行分析和评价的方法。

企业应保留文件化的监视、测量、分析、评价的结果信息作为证据。企业应对合规绩效和食品合规管理体系的有效性进行评价。

合规治理小组应履行对各部门合规义务检查的职责，并形成自查报告；同时应对合规管理体系进行内部审核、管理评审、合规演练，以验证体系在各部门的执行情况及符合性情况。

5. 食品合规管理体系建设评估

　　企业应保持持续改进食品合规管理体系的适用性、充分性和有效性。当企业确定需要对食品合规管理体系进行变更时，应有计划地进行。

　　食品合规管理需要企业各部门密切配合，需要全员共同参与。合规管理部门与企业其他部门分工协作，生产经营相关部门应主动进行日常合规管理工作，识别相关合规要求，制定并落实管理制度和风险防范措施，组织或配合合规管理部门进行合规审查和风险评估，组织或监督违规调查及整改工作。企业还应积极与监管机构建立良好沟通渠道，了解监管机构的合规期望，制定符合监管机构要求的合规制度，降低市场投诉及行政处罚等方面的风险。为做好食品合规管理工作，企业可以寻求与专业的合规咨询公司建立合作，与合规咨询公司合作时，应做好相关的风险调查和研究，深入了解合规管理相关法律法规及标准的新要求。

　　企业应建立健全合规风险应对机制，对识别评估的各类合规风险采取恰当的控制和处置措施。发生重大合规风险时，企业的合规管理部门应和其他相关部门协同配合，及时采取补救措施，最大程度降低损失。法律法规有明确规定要求向监管部门报告的，应及时报告。

　　合规管理体系不是一成不变的，需要根据合规管理部门自查以及其他部门反馈的意见持续完善。食品合规管理部门应定期对合规管理体系进行系统全面的评价，发现和纠正合规管理工作中存在的问题，促进合规体系的不断完善。合规管理体系评价可由合规管理相关部门组织开展，也可以委托外部专业咨询机构开展。在开展评价工作时，应考虑企业面临的合规要求的变化情况，不断调整合规管理目标，更新合规风险管理措施，以满足内外部所有的合规管理要求。也应根据合规管理体系评价情况，进行合规风险再识别和合规制度再修订，保障合规体系稳健运行，切实提高企业合规管理水平。必要时，实施食品合规管理体系的阶段性评价，以验证食品合规管理体系是否能持续有效地运行。企业也可以申请食品合规管理体系第三方审核，以第三方专业的视角评估本企业策划并建立的食品合规管理体系，验证其是否符合相应的食品合规管理体系标准的要求，以及食品合规管理体系是否持续有效地运行。

第二章
食品生产经营资质管理

 知识目标

1. 熟悉食品安全法、食品生产许可管理办法、食品生产许可审查通则和细则中有关食品生产许可的规定、食品生产许可申报材料整理要求与办理流程。
2. 熟悉食品安全法、食品经营许可和备案管理办法、食品经营许可审查通则中有关食品经营许可的规定、食品经营许可申报材料整理要求与办理流程。

 技能目标

1. 能够根据要求协助编写、审核食品生产许可证办理材料。
2. 能够根据要求组织编写、审核食品经营许可证办理材料。

 职业素养与思政目标

1. 具有较强的法律意识和安全意识，具有高度的社会责任感和专业使命感。
2. 具有严谨的合规意识和依法依规办事意识。

第一节　食品生产许可管理

食品生产企业是食品安全的第一责任人。为确保食品安全，世界多数国家、组织和地区都要求企业具备一定条件，获得相应资质后才可从事食品生产活动。我国也不例外。自1982年起，我国就开始实施食品许可证制度。

食品生产许可制度是我国为保证食品安全而对食品生产企业采取的一项行政许可制度。企业获得食品生产许可证后方可从事食品生产活动。实施食品生产许可制度能够使食品生产企业规范食品生产，确保食品安全，提高食品品质，也可以提高食品生产企业的现代化管理水平。同时，实施食品生产许可制度，通过统一发证单元、申请和审批流程、生产许可证编号管理，可以提高食品生产企业的监管效率，降低监管成本。

案例引入

王某于2021年5月8日至6月16日期间，采购用于生产加工食品的原料冻烤鳗、烤鳗酱料、产品包装材料等，并在未取得食品生产许可资质的情况下，对采购的原料冻烤鳗拆包、分割、添加酱料，称重、包装、打印生产日期后进行销售，共生产加工烤鳗（速冻食品）274箱（净含量：10kg/箱）。其中，规格为20P的84箱，规格为30P的10箱，规格为40P的180箱。当事人将涉案食品中的254箱销往上海某水产品有限公司，剩余20箱（规格：40P，10kg/箱）被上海市市场监督管理局扣押，上述涉案食品的货值金额共计人民币178780元。上海市市场监督管理局对当事人处以下列处罚：

1. 没收违法生产的食品：烤鳗（速冻食品）（规格：40P，10kg/箱）20箱；

2. 没收用于违法生产的工具、设备、原料：计重秤2台、日期印章3枚、外包装纸箱120个；

3. 没收用于违法生产的工具"真空包装机"变卖的收入：人民币叁佰陆拾元整；

4. 处货值金额十倍罚款：人民币壹佰柒拾捌万柒仟捌佰元整。

风险分析

根据《中华人民共和国食品安全法》第三十五条第一款，国家对食品生产经营实行许可制度，从事食品生产、食品销售、餐饮服务，应当依法取得许可。

根据《中华人民共和国食品安全法》（以下简称《食品安全法》）第一百二十二条第一款，未取得食品生产经营许可从事食品生产经营活动，由县级以上人民政府食品安全监督管理部门没收违法所得和违法生产经营的食品，货值金额不足一万元的，并处五万元以上十万元以下罚款；货值金额一万元以上的，并处货值金额十倍以上二十倍以下罚款。

应对建议

获得资质是食品企业生产经营的前提条件，企业应加强食品安全管理及合规经营的意识，依据《食品安全法》的规定，根据自身情况办理食品生产经营许可证，并在获得相应的许可资质的情况下合规开展各类食品生产经营活动。

知识学习

一、食品生产许可的管理机构与权限范围

依据《食品生产许可管理办法》的规定，国家市场监督管理总局负责监督指导全国食品生产许可管理工作，县级以上地方市场监督管理部门负责本行政区域内的食品生产许可监督管理工作。随着"放管服"改革的推进，各地纷纷下放食品生产许可管理权限，多地陆续实现食品生产许可的线上申请。食品企业可根据当地权限下放情况向相应的监管部门提出申请。

生产许可的发证由其直接监管部门负责，如审批权限在市级监管部门的，由市级监管部门负责发证；审批权限在区级监管部门的，由区级监管部门负责发证。市级和区级监管部门对其负责的食品类别分别进行相应管理。

食品生产许可实行一企一证原则，即同一个食品生产者从事食品生产活动，应当取得一个食品生产许可证。保健食品、特殊医学用途配方食品、婴幼儿配方食品、婴幼儿辅助食品、食盐等食品的生产许可，由省、自治区、直辖市市场监督管理部门负责。

申请食品生产许可，应当先行取得营业执照等合法主体资格。许可申请应当按照食品类别提出，需要实施食品生产许可管理制度的类别包括：粮食加工品，食用油、油脂及其制品，调味品，肉制品，乳制品，饮料，方便食品，饼干，罐

头，冷冻饮品，速冻食品，薯类和膨化食品，糖果制品，茶叶及相关制品，酒类，蔬菜制品，水果制品，炒货食品及坚果制品，蛋制品，可可及焙烤咖啡产品，食糖，水产制品，淀粉及淀粉制品，糕点，豆制品，蜂产品，保健食品，特殊医学用途配方食品，婴幼儿配方食品，特殊膳食食品，其他食品及食品添加剂。

二、食品生产许可申请与审查

1. 食品生产许可申请条件与流程

依据《食品生产许可管理办法》第四条的规定，食品生产许可实行一企一证原则，食品生产许可证与企业是一一对应的。依据《食品生产许可管理办法》第十条，申请食品生产许可证，应该先行取得营业执照等合法主体资格，以营业执照载明的主体作为申请人。食品生产许可证的申请主体必须是企业或组织，如企业法人、合伙企业、个人独资企业、个体工商户、农民专业合作组织或企业。

企业要申请食品生产许可证，首先要确定拟生产的食品在食品生产许可目录中的类别；其次，有的行业需要满足一定的产业政策；另外，要符合食品生产许可证的申请条件。满足上述条件后，食品企业可按照流程申请食品生产许可证。

（1）确定申请食品生产许可的产品类别

申请生产许可的食品类别应当在营业执照载明的经营范围内，且营业执照在有效期限内。《食品生产许可分类目录》将食品分为 32 大类，并具体规定了细化分类及其所属的品种明细。《食品生产许可证》中"食品生产许可品种明细表"按照《食品生产许可分类目录》填写。依据《食品生产许可审查通则》（2022 版）的规定，对未列入《食品生产许可分类目录》和无审查细则的食品品种，县级以上地方市场监督管理部门应当依据《食品生产许可管理办法》和该通则的相关要求，结合类似食品的审查细则和产品执行标准制定审查方案（婴幼儿配方食品、特殊医学用途配方食品除外），实施食品生产许可审查。

需要注意的是，食品生产许可食品类别的分类目的是确定生产许可的发证单元，其分类依据是食品的原料、生产工艺等方面的不同。食品生产许可的分类目录仅适用于生产许可，不能与其他食品分类体系相混淆。

确定食品生产许可的食品分类，要将企业生产的产品的原辅料、生产工艺、成品状态及其指标等与相应的审查细则及产品执行标准进行比对，通过综合分析确定食品类别。例如，某企业欲采购豆类将其磨成豆粉供其他企业用作进一步加工的食品原料，其原料为豆类，生产工艺包括清理、碾磨、包装等环节。依据食品生产许可分类目录及相应审查细则的要求，该产品应选择的食品类别为其他粮食加工品。

（2）满足食品生产许可申请条件

依据《食品生产许可管理办法》的规定，食品生产许可申请企业应当符合的条件包括环境场所、设备设施、人员、制度、设备布局和工艺流程几大方面，这也是现场审核的主要方面。

① 环境场所　企业应具有与生产的食品品种、数量相适应的食品原料处理和食品加工、包装、贮存等场所。企业应保持该场所环境整洁，并与有毒、有害场所以及其他污染源保持规定的距离。食品生产企业环境与场所还应符合《食品安全国家标准 食品生产通用卫生规范》（GB 14881）中有关选址与厂区环境的规定。此外，各类食品生产许可审查细则中也会对生产场所作出规定，在现场核查时会予以核查。例如，对于各类饮料的许可审查，《饮料生产许可审查细则（2017版）》有明确的规定，包括生产场所的审查要求、作业区的划分、不同作业区的洁净度要求等。

② 设备设施　企业应具有与生产的食品品种、数量相适应的生产设备或者设施；有相应的消毒、更衣、盥洗、采光、照明、通风、防腐、防尘、防蝇、防鼠、防虫、洗涤以及处理废水、存放垃圾和废弃物的设备或者设施；保健食品生产工艺有原料提取、纯化等前处理工序的，需要具备与生产的品种、数量相适应的原料前处理设备或者设施。各类食品生产许可审查细则针对相应产品的特点对设备设施作出规定。例如，《企业生产乳制品许可条件审查细则》规定了液体乳、乳粉、其他乳制品等所必备的生产设备和检验设备。

③ 人员要求　企业应有专职或者兼职的食品安全专业技术人员、食品安全管理人员，具体是指各部门食品安全管理人员以及生产工艺关键环节的操作人员。从事接触直接入口食品工作的食品生产人员应当每年进行健康检查，取得健康证明后方可上岗工作。食品安全管理人员及专业技术人员应定期进行培训和考核。

④ 制度要求　企业应建立和实施保障食品安全的规章制度，包括《中华人民共和国食品安全法》《食品生产许可管理办法》《食品生产许可审查通则》及各类食品审查细则和相关食品安全标准规定的各项保证食品安全的管理制度。

⑤ 设备布局和工艺流程　企业应根据产品特点，设计合理的设备布局和工艺流程。设备布局应能够防止待加工食品与直接入口食品、原料与成品交叉污染，避免食品接触有毒物、不洁物。工艺流程应能够确保所生产食品的安全性。

此外，还应符合相关法律、法规规定的其他条件。

（3）食品生产许可申请流程

食品生产许可的申请包括新办理、变更和延续等。要办理食品生产许可，企业首先需要准备和提交申报材料，提交之后市场监管部门会进行材料审查，并视情况组织现场核查，然后企业需要根据审查结果进行整改。市场监管部门根据申请材料审查和现场核查等情况，对符合条件的，作出准予生产许可的决定；对不符合条件的，应当及时作出不予许可的书面决定并说明理由，同时告知申请人依法享有申请行政复议或者提起行政诉讼的权利。材料审查及现场核查的主要依据包括《食品生产许可管理办法》《食品生产许可审查通则》以及相关食品安全国家标准以及各类食品生产许可审查细则等。

图 2-1 为江苏某地区的食品生产许可审查程序。

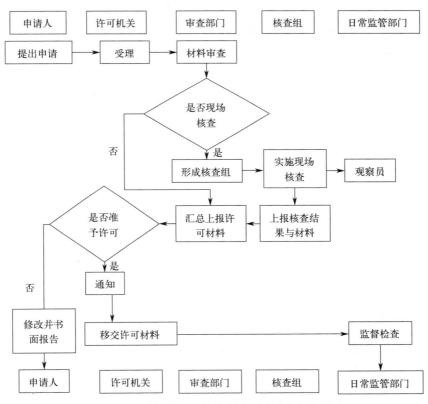

图 2-1　江苏某地区的食品生产许可审查程序

2. 食品生产许可申请材料

依据《食品生产许可管理办法》第十三条的规定，申请食品生产许可，企业应提交下列材料。食品生产许可的申请材料应当按照完整性、规范性、符合性的要求进行审查。

申请人应当具有申请食品生产许可的主体资格。申请材料应当符合《食品生产许可管理办法》规定，以电子或纸质方式提交。申请人应当对申请材料的真实性负责。

符合法定要求的电子申请材料、电子证照、电子印章、电子签名、电子档案与纸质申请材料、纸质证照、实物印章、手写签名或者盖章、纸质档案具有同等法律效力。负责许可审批的市场监督管理部门（以下称审批部门）要求申请人提交纸质申请材料的，应当根据食品生产许可审查、日常监管和存档需要确定纸质申请材料的份数。

（1）食品生产许可申请书

2020年，国家市场监督管理总局发布了食品生产许可申请书的格式文本。申请书的主要内容包括申请人基本情况、产品信息表、主要设备设施清单、专职或者兼职的食品安全专业技术人员和食品安全管理人员信息、食品安全管理制度清单以及其他申请材料等内容。

（2）食品生产设备布局图和食品生产工艺流程图

食品生产设备布局图、食品生产工艺流程图应清晰，主要设备设施布局合理，工艺流程符合审查细则和所执行标准规定的要求。食品生产设备布局图应当按比例标注。

生产设备布局图应完整标识车间的主要生产设备设施及重要辅助设备的名称、具体位置；涉及多层的，应正确标示车间的空间结构（建筑物名称、楼层、结构名称等），有的地区还要求注明各个功能区的面积。食品生产设备布局图、食品生产工艺流程图可按照楼层、申请类别、工艺流程等分别绘制，宜采用CAD制图。涉及多张图的，可通过Word（增加页面）或者Excel（插入工作表，如Sheet1、Sheet2、Sheet3）整合到一个电子文档中。

食品生产工艺流程图应包含从原料验收到包装的整个过程工序，并对生产流程中的关键控制点及其控制参数进行标注。对于有洁净度要求的生产工序，还应标注工艺工序对应的洁净区范围。

（3）食品生产和检验用主要设备、设施清单

食品生产和检验用主要设备、设施清单，应说明所使用的设备、设施以及检验所用仪器设备的名称、规格/型号、使用场所及其主要的技术参数，并且提供的材料要与现场核查时现场设备的铭牌信息保持一致。

（4）食品安全管理人员和制度

申请食品生产许可，应当提交专职或者兼职的食品安全专业技术人员、食品安全管理人员信息和食品安全管理制度。食品安全专业技术人员及食品安全管理人员清单应说明每个人员的姓名、职务、学历及专业、人员类别、专职兼职情况等。同一人员可以是专业技术人员和管理人员双重身份，人员可以在内部兼任职务，在提供材料时据实填写即可。食品安全管理制度清单应提供制度名称和文件编号。

3. 食品生产许可现场核查

根据《食品生产许可审查通则》，现场核查主要核查申请材料与实际状况的一致性、合规性。

（1）需要现场核查

① 新申请食品生产许可情形的；

② 变更食品生产许可情形第一至五项（包括：现有设备布局和工艺流程发生变化的，主要生产设备设施发生变化的，生产的食品类别发生变化的，生产场所改建、扩建的，其他生产条件或生产场所周边环境发生变化），可能影响食品安全的；

③ 延续食品生产许可情形的，申请人声明生产条件或周边环境发生变化，可能影响食品安全的；

④ 需要对申请材料内容、食品类别与相关审查细则及执行标准要求相符情况进行核实的；

⑤ 因食品安全国家标准发生重大变化，国家和省级市场监督管理部门决定组织重新核查的；

⑥ 法律、法规和规章规定需要实施现场核查的其他情形。

（2）不需要现场核查

① 特殊食品注册时已完成现场核查的（注册现场核查后生产条件发生变化的除外）；

② 申请延续换证，申请人声明生产条件未发生变化的。

现场核查的程序包括：召开首次会议，现场核查、核查组与申请人就核查项目评分与初步核查意见进行沟通，并根据最终的会商结果，按照不同食品类别分别进行现场核查项目评分判定，分别汇总评分结果，最后召开末次会议，宣布现场核查结论。现场核查程序见图 2-2。

图 2-2　现场核查程序

现场核查范围主要包括生产场所、设备设施、设备布局和工艺流程、人员管理、管理制度及其执行情况，以及按规定需要查验试制产品检验合格报告。

现场核查结果以得分率进行判定。参与评分项目的实际得分占参与评分项目应得总分的百分比作为得分率。核查项目单项得分无 0 分项且总得分率 ≥ 85% 的，该类别名称及品种明细判定为通过现场核查；核查项目单项得分有 0 分项或者总得分率 < 85% 的，该类别名称及品种明细判定为未通过现场核查。

审核中有待整改项的，需在监管部门规定的期限内提交整改报告。

试制样品可以由申请人自行检验，或者委托有资质的食品检验机构检验。试制样品检验报告的具体要求按审查细则的有关规定执行。每个执行标准对应一份或一份以上的检验报告。

三、食品生产许可证书管理

依据《食品生产许可管理办法》第二十八条至三十一条的规定，食品生产许可证分为正本、副本。正本、副本具有同等法律效力。食品生产许可证应当载明：生产者名称、社会信用代码、法定代表人（负责人）、住所、生产地址、食品类别、许可证编号、有效期、发证机关、发证日期和二维码。副本还应当载明食品明细。生产保健食品、特殊医学用途配方食品、婴幼儿配方食品的，还应当载明产品或者产品配方的注册号或者备案登记号；接受委托生产保健食品的，还应当载明委托企业名称及住所等相关信息。

食品生产许可证编号由 SC（"生产"的汉语拼音首字母缩写）和 14 位阿拉伯数字组成。数字从左至右依次为：3 位食品类别编码、2 位省（自治区、直辖市）代码、2 位市（地）代码、2 位县（区）代码、4 位顺序码、1 位校验码。

食品生产者应当妥善保管食品生产许可证，不得伪造、涂改、倒卖、出租、出借、转让。

食品生产者应当在生产场所的显著位置悬挂或者摆放食品生产许可证正本。

第二节　食品经营许可和备案管理

食品经营许可是国家实施市场准入、规范食品经营活动的一项重要制度，作为食品安全工作的重要一环，其目的不仅在于规避食品安全风险，也可为后续监管工作提供基本信息。

为营造更优营商环境，国务院在全国推行"证照分离"改革。在推进食品经营许可改革工作方面，要求在保障食品安全的前提下，进一步优化食品经营许可条件、简化许可流程、缩短许可时限，加快推行电子化审批，不断完善许可工作体系，持续提升食品经营许可工作便利化、智能化水平。

案例引入

近年来，多地餐馆因制售"泡椒凤爪"等冷荤类食物而被罚款，原因是其食品经营许可项目没有"冷食类食品制售"一项，或是没有取得相应资质，却在外卖平台销售"冷食类"食品。类似的案例不在少数，如山东济南某饭店因无证售卖凉菜，且在发布整改通知书七天后，依然没有申请变更经营许可，被罚款一万元。

餐饮企业需要办理营业执照和食品经营许可证，并且只能经营食品经营许可证上许可的项目，另外如果餐饮企业有外卖业务，还需要遵守《网络食品安全违法行为查处办法》的相关规定。因此在该案例中"泡椒凤爪"属于超范围经营，监管部门会给予违法企业相应的罚款处罚。

风险分析

餐饮服务提供者在办理食品经营许可证时，若制售冷食类食品，需要办理"冷食类食品制售"许可。

有的餐饮企业的经营项目为热食类食品制售以及预包装食品（含冷藏冷冻食品）销售，但在现场菜单及线上外卖平台也有凉拌猪耳朵、泡椒凤爪等，属于超出许可经营项目范围从事食品经营的行为，违反了《食品经营许可和备案管理办法》第二十九条"食品经营许可证载明的事项发生变化的，食品经营者应当在变化后10个工作日内向原发证的市场监督管理部门申请变更食品经营许可"以及

《网络食品安全违法行为查处办法》第十六条第一款"入网食品生产经营者应当依法取得许可，入网食品生产者应当按照许可的类别范围销售食品，入网食品经营者应当按照许可的经营项目范围从事食品经营"。

《餐饮服务食品安全操作规范》要求，制作生食类食品、裱花蛋糕，冷食类食品（既可在专间也可在专用操作区内进行的除外）需要在专间内加工。这也就意味着，餐饮企业经营冷食类食品需要有专门的专间以避免加工过程中的交叉污染，对环境的要求也更高。

 应对建议

餐饮服务提供者如需在食品经营许可证的经营范围中增加"冷食类食品制售"项目，则需根据《食品经营许可和备案管理办法》在食品经营许可证载明的许可事项发生变化后 10 个工作日内向原发证的市场监督管理部门申请变更经营许可。

需要注意的是，提交申请后，将由县级以上地方市场监督管理部门对变更食品经营许可的申请材料进行审查，可能影响食品安全的，重点检查食品经营实际情况与报告内容是否相符、食品经营条件是否符合食品安全要求等。

需要变更经营许可的餐饮企业要注意准备相应的食品专用操作间，即为防止食品受到污染，以分隔方式设置的清洁程度要求较高的加工直接入口食品的专用操作间。

知识学习

一、食品经营许可的管理机构与权限范围

依据《食品经营许可和备案管理办法》的规定，国家市场监督管理总局负责指导全国食品经营许可和备案管理工作。县级以上地方市场监督管理部门负责本行政区域内的食品经营许可和备案管理工作。省、自治区、直辖市市场监督管理部门可以根据食品经营主体业态、经营项目和食品安全风险状况，确定本行政区域内市场监督管理部门的食品经营许可和备案管理权限。

国家市场监督管理总局负责制定食品经营许可审查通则。县级以上地方市场监督管理部门实施食品经营许可审查，应当遵守食品经营许可审查通则。

食品经营主体业态分为食品销售经营者、餐饮服务经营者、集中用餐单位食

堂。食品经营者从事食品批发销售、中央厨房、集体用餐配送的，利用自动设备从事食品经营的，或者学校、托幼机构食堂，应当在主体业态后以括号标注。食品经营项目分为食品销售、餐饮服务、食品经营管理三类。食品销售，包括散装食品销售、散装食品和预包装食品销售。餐饮服务，包括热食类食品制售、冷食类食品制售、生食类食品制售、半成品制售、自制饮品制售等，其中半成品制售仅限中央厨房申请。食品经营管理，包括食品销售连锁管理、餐饮服务连锁管理、餐饮服务管理等。

食品经营者从事散装食品销售中的散装熟食销售、冷食类食品制售中的冷加工糕点制售和冷荤类食品制售应在经营项目后以括号标注。食品经营者从事解冻、简单加热、冲调、组合、摆盘、洗切等食品安全风险较低的简单制售，应取得相应的经营项目，并在食品经营许可证副本中标注简单制售。针对拍黄花、泡菜等简单食品制售行为，县级以上地方市场监督管理部门在保证食品安全的前提下，可以适当简化设备设施、专门区域等审查内容。

二、食品经营许可申请与审查

1. 食品经营许可申请条件与办理流程

依据《食品经营许可和备案管理办法》的规定，食品经营许可证属于后置审批，申请食品经营许可，应当先行取得营业执照等合法主体资格。食品经营者在不同经营场所从事食品经营活动的，应当依法分别取得食品经营许可或者进行备案。无实体门店经营的互联网食品经营者不得申请所有食品制售项目以及散装熟食销售。

企业法人、合伙企业、个人独资企业、个体工商户等，以营业执照载明的主体作为申请人。机关、事业单位、社会团体、民办非企业单位、企业等申办单位食堂，以机关或者事业单位法人登记证、社会团体登记证或者营业执照等载明的主体作为申请人。

（1）食品经营许可申请条件

依据《食品经营许可和备案管理办法》的规定，食品经营许可申请人应当符合的条件主要包括环境场所、设备设施、人员制度、设备布局和工艺流程等方面，这也是食品经营许可审查的基本要求。

（2）食品经营许可办理流程

要办理食品经营许可，申请人首先需要准备和提交申报材料，并先行取得营业执照等合法主体资格，按照食品经营主体业态和经营项目分类提出申请。申请食品经营许可证有两个途径，分别是现场申请办理和网上申请办理。提交之后市场监管部门会进行材料审查，并视情况组织现场核查。如果申请材料不齐全或者不符合法定形式的，接到告知申请人需要补正的全部内容后应予以补正。材料合格的，自收到申请材料之日起即为受理。市场监管部门根据申请材料审查和现场核查等情况，对符合条件的，作出准予生产许可的决定；对不符合条件的，应当及时作出不予许可的书面决定并说明理由，同时告知申请人依法享有申请行政复议或者提起行政诉讼的权利。材料审查及现场核查的主要依据包括《食品经营许可和备案管理办法》《食品经营许可审查通则》等。

食品经营许可申请获得批准后，申请人即可领取食品经营许可证。对于部分省市，可在当地市场监督管理部门网上政务服务平台下载食品经营许可证电子证书，并可根据需要打印食品经营许可证电子证书。市场监督管理部门制作的食品经营许可电子证书与印制的食品经营许可证书具有同等法律效力。

食品经营许可办理流程见图2-3。

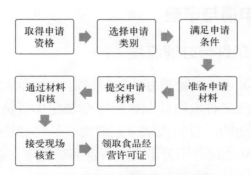

图 2-3　食品经营许可办理流程

2. 食品经营许可申请材料及其审查

（1）食品经营许可申请材料

申请食品经营许可，申请人应当提交营业执照或者其他主体资格证明文件复印件（证明文件能够实现网上核验的除外）；与食品经营相适应的主要设备设施布局、操作流程等文件；食品安全自查、从业人员健康管理、进货查验记录、食品安全事故处置等保证食品安全的规章制度。

利用自动售货设备从事食品销售的，申请人还应当提交每台设备的具体放置地点、食品经营许可证的公示方法、食品安全风险管控方案等材料。

申请人委托他人办理食品经营许可申请的，代理人应当提交授权委托书以及代理人的身份证明文件。

（2）食品经营许可审查要求

① 食品经营许可审查基本要求

a. 环境场所。食品经营者应当具有与经营的食品品种、数量相适应的食品经营和贮存场所。食品经营场所和食品贮存场所不得设在易受到污染的区域，距离粪坑、污水池、暴露垃圾场（站）、旱厕等污染源 25m 以上。

无实体门店经营的互联网食品经营者应当具有与经营的食品品种、数量相适应的固定的食品经营场所，贮存场所视同食品经营场所。

b. 设备设施。食品经营者应当根据经营项目设置相应的经营设备或设施，以及相应的消毒、更衣、盥洗、采光、照明、通风、防腐、防尘、防蝇、防鼠、防虫等设备或设施。直接接触食品的设备或设施、工具、容器和包装材料等应当具有产品合格证明，应为安全、无毒、无异味、防吸收、耐腐蚀且可承受反复清洗和消毒的材料制作，易于清洁和保养。

食品经营者在实体门店经营的同时通过互联网从事食品经营的，除上述条件外，还应当向许可机关提供具有可现场登陆申请人网站、网页或网店等功能的设施设备，供许可机关审查。

c. 人员要求。食品经营企业应按照规定配备与企业规模、食品类别、风险等级、管理水平、安全状况等相适应的食品安全总监、食品安全员等食品安全管理人员，明确企业主要负责人、食品安全总监、食品安全员等的岗位职责。

d. 制度要求。食品经营企业应依法建立健全食品安全自查、食品安全追溯、从业人员健康管理等规章制度，并明确保证食品安全的相关规范要求。

食品经营企业还应制定食品安全风险管控清单，建立健全日管控、周排查、月调度工作制度和机制。建立健全食品安全管理人员培训和考核制度、进货查验记录制度、场所及设施设备清洗消毒和维修保养制度、食品贮存管理制度、废弃物处置制度、不合格食品处置制度、食品安全事故处置方案以及食品经营过程控制制度等。食品批发经营企业还应建立食品销售记录制度。

② 预包装食品销售（含冷藏冷冻食品、不含冷藏冷冻食品）审查要求　根据《食品经营许可和备案管理办法》的规定，仅销售预包装食品的，不需取得许可，应当报所在地县级以上地方人民政府食品安全监督管理部门备案。食品经营者已经取得食品经营许可，增加预包装食品销售的，不需要另行备案。

从事仅销售预包装食品的食品经营者在办理市场主体登记注册时，可以一并进行仅销售预包装食品备案，提交《仅销售预包装食品经营者备案信息采集表》，一并办理仅销售预包装食品备案。持有营业执照的市场主体从事仅销售预包装食品活动，应当在开展销售活动之日起五个工作日内向县级以上地方市场监督管理部门提交备案信息材料。已经取得食品经营许可证的，在食品经营许可证有效期届满前无需办理备案。利用自动设备仅销售预包装食品的，备案人应当提交每台设备的具体放置地点、备案编号的展示方法、食品安全风险管控方案等材料。

从事仅销售预包装食品活动的食品经营者应当具备与销售的食品品种、数量等相适应的经营条件。备案信息发生变化的，应当自发生变化之日起 15 个工作日内向原备案的市场监督管理部门进行备案信息变更。

当然，从事仅销售预包装食品活动的食品经营者也应当严格落实食品安全主体责任，建立健全保障食品安全的规章制度，定期开展食品安全自查，保障食品安全。销售或同时销售预包装食品以外的食品，仍应依法取得食品经营许可，不适用于办理食品经营许可备案（仅销售预包装食品）。

③ 餐饮服务的许可审查一般要求

a. 环境场所。餐饮服务经营场所应当选择有给排水条件的地点，应当设置相应的粗加工、切配、烹调以及餐用具清洗消毒、备餐等加工操作条件，以及食品库房、更衣室、清洁工具存放场所等。

食品处理区应当按照原料进入、原料处理、半成品制作、成品供应的顺序合理布局，并能防止食品在存放、操作中产生交叉污染。食品处理区内应当设置相应的清洗、消毒、洗手、干手设施和用品，员工专用洗手消毒设施附近应当有洗手消毒方法标识。食品处理区应当设存放废弃物或垃圾的带盖容器。食品处理区地面应当无毒、无异味、易于清洗、防滑，并有给排水系统；墙壁应当采用无毒、无异味、不易积垢、易清洗的材料制成；门、窗应当采用易清洗、不吸水的材料制作，并能有效通风、防尘、防蝇、防鼠和防虫；天花板应当采用无毒、无异味、不吸水、表面光洁、耐腐蚀、耐温的材料涂覆或装修。食品处理区内的粗加工操作场所应当根据加工品种和规模设置食品原料清洗水池，保障动物性食品、植物性食品、水产品三类食品原料能分开清洗。

更衣场所与餐饮服务场所应当处于同一建筑内，应位于食品处理区入口处附近，更衣设施的数量应满足需要。卫生间不得设置在食品处理区内，卫生间出入口不应与食品处理区直接连通。

b. 专间要求。专间方面，要求专间内无明沟，地漏带水封。应设置可开闭式食品传递窗口，除传递窗口和人员通道外，原则上不设置其他门窗。专间门采用易清洗、不吸水的坚固材质，能够自动关闭。专间内设有独立的空调设施、专用清洗消毒设施、专用冷藏设施和与专间面积相适应的空气消毒设施。专间内的水龙头废弃物容器盖子应当为非手动开启式。专间入口处应当设置独立的洗手、消毒、更衣设施。

专用操作场所方面，要求场所内无明沟，地漏带水封。设工具清洗消毒设施和专用冷藏设施。入口处设置洗手、消毒设施。

c.制度要求。除应履行食品经营者通用制度要求外，从事餐饮服务类经营项目的食品经营者还应建立定期清洗消毒空调及通风设施的制度、定期清洁卫生间的制度。

④利用食品自动设备从事食品经营的许可审查一般要求

a.设备设施。食品自动设备应设置在固定地点，并在设备上展示便于消费者直接查看的食品经营许可证。食品自动设备直接接触食品及原料的材质应符合食品安全国家标准，具备食品制售功能的，与原料、成品直接接触的容器、管道及其他部位需要清洗消毒的，应具备内置的自动洗消装置或相应的洗消设备设施。食品自动设备密闭性应能有效防止鼠、蝇、蟑螂等有害生物侵入，应具备经营食品所需的冷藏冷冻或者热藏条件，具有温度控制和监测设施。

b.制度要求。利用食品自动设备从事食品经营的食品经营者应建立食品安全自查和巡查、进货查验记录、场所及设备设施清洗消毒和维修保养、食品及食品原辅料的贮存和清洗、变质或超过保质期食品的处置、从业人员健康管理、食品安全事故处置方案以及食品安全风险管控方案等制度。

利用食品自动设备从事食品销售的，应建立查验食品供货者的食品生产经营许可证、食品出厂检验合格证或者其他合格证明的制度。利用食品自动设备从事食品制售的，应建立查验其食品、半成品供货商食品生产经营许可证的制度。

3. 食品经营许可现场核查

（1）现场核查情形

依据《食品经营许可和备案管理办法》的规定，县级以上地方市场监督管理部门应当对申请人提交的许可申请材料进行审查。需要对申请材料的实质内容进行核实的，应当进行现场核查。食品经营许可申请包含预包装食品销售的，对其中的预包装食品销售项目不需要进行现场核查。

（2）现场核查的程序

现场核查应当由符合要求的核查人员进行。核查人员不得少于2人。核查人员应当出示有效证件，填写食品经营许可现场核查表，制作现场核查记录，经申请人核对无误后，由核查人员和申请人在核查表和记录上签名或者盖章。申请人拒绝签名或者盖章的，核查人员应当注明情况。

上级地方市场监督管理部门可以委托下级市场监督管理部门，对受理的食品经营许可申请进行现场核查。核查人员应当自接受现场核查任务之日起5个工作日内，完成对经营场所的现场核查。

三、食品经营许可证书管理

食品经营许可证编号由JY（"经营"的汉语拼音首字母缩写）和14位阿拉伯数字组成。数字从左至右依次为：1位主体业态代码、2位省（自治区、直辖市）代码、2位市（地）代码、2位县（区）代码、6位顺序码、1位校验码。

依据《食品经营许可和备案管理办法》第二十五条至二十八条，食品经营许可证分为正本、副本。正本、副本具有同等法律效力。目前，国家市场监督管理总局负责制定食品经营许可证正本、副本式样。省、自治区、直辖市市场监督管理部门负责本行政区域食品经营许可证的印制、发放等管理工作。

食品经营许可证应当载明：经营者名称、社会信用代码（个体经营者为身份证号码）、法定代表人（负责人）、住所、经营场所、主体业态、经营项目、许可证编号、有效期、投诉举报电话、发证机关、签发人、发证日期和二维码。

经营者应当妥善保管食品经营许可证，不得伪造、涂改、倒卖、出租、出借、转让。食品经营者应当在经营场所的显著位置悬挂或者摆放食品经营许可证正本或者展示其电子证书。

仅销售预包装食品备案实施唯一编号管理，备案编号由YB（"预""备"的汉语拼音首字母缩写）和14位阿拉伯数字组成。数字从左至右依次为：一位业态类型代码（1为批发、2为零售）、两位省（自治区、直辖市）代码、两位市（地）代码、两位县（区）代码、六位顺序码、一位校验码。食品经营者主体资格依法终止的，备案编号自行失效。

第三章
食品生产经营过程合规管理

知识目标

1. 掌握食品生产过程合规管理的主要标准法规要求、内容与方法。
2. 掌握食品销售和餐饮服务等食品经营过程合规管理的主要标准法规要求、内容与方法。

技能目标

1. 能够依据标准法规识别食品生产过程的合规义务，能够协助相关人员通过原辅料验收、过程监视与测量、过程合规判定、记录等方式开展食品生产过程合规管理。
2. 能够依据标准法规协助相关人员对食品销售全过程、餐饮服务全过程开展合规管理，能够发现食品销售和餐饮服务过程中的合规风险。

职业素养与思政目标

1. 具有诚实、严谨、认真、公正、负责的职业素养。
2. 具有严谨的合规管理意识。
3. 具有系统的过程管理意识。
4. 具有较强的分析与解决问题的能力。

第一节　食品生产过程合规管理

食品生产环节是实施食品全程监管的重要组成部分，《中华人民共和国食品安全法》从多角度规定了食品生产企业的义务，包括人员、制度、记录、进货查验、过程控制要求等。食品生产企业需要根据该法的要求落实食品安全主体责任。食品生产过程的合规与否，将对生产的食品安全与否起着关键作用，因此，食品生产企业作为食品安全的第一责任人应当充分实施其规定的要求，履行合规义务。

案例引入

2014年7月20日，多家洋快餐供应商上海某食品公司被曝大量采用过期变质肉类生产产品，此次事件引发社会和消费者对使用回收食品和过期原料生产产品安全性的高度关注。事件一经曝光，众多洋快餐迅速终止与其合作。在调查过程中，该公司相关责任人承认，对于过期原料的使用，公司多年来的政策一贯如此，且"问题操作"由高层指使。2015年1月，该公司已召回所有520多吨问题食品并全部实施了无害化处理。2016年2月1日，上海市嘉定区人民法院依法对该公司及其相关企业和主要负责人等犯生产、销售伪劣产品罪一案进行了一审公开宣判，两家公司被判罚金二百四十万元，澳籍被告人杨某获刑三年，其余九名被告人分别领刑。

风险分析

我国刑法第一百四十条规定，生产者、销售者在产品中掺杂、掺假，以假充真，以次充好或者以不合格产品冒充合格产品属于生产、销售伪劣产品罪。

用回收食品、超过保质期的食品作为原料生产的涉案产品，具有食品安全风险，应认定为不合格产品。该事件中，即使原料不存在安全性问题，但在明知法律法规不允许的情况下，依然将回收的原料再次用于生产，属于明知故犯的违法行为。

此次事件，相对而言，下游厂家也可以算是受害者。但这并不是说这些下游厂家就没有责任。无论如何，消费者是从下游厂家手中购买产品，保证原料可靠是他们的责任，因此供应商存在违法行为，对下游厂家而言也是一种巨大的风险。

应对建议

食品生产经营企业的所有活动，必须严格遵守法律、法规和食品安全标准的规定。企业应该制定严格的操作规程并严格执行，采取一切规范措施来控制和规避风险，同时加强内部员工的食品安全意识与责任意识。

对于生产过程的管理，企业可制定自身管理制度，使用国际通行的过程管理，即食品生产的温度、湿度、时间、标签等程序都要有完整记录，监督覆盖到整个生产过程。建立健全的全程可追溯制度，产品出现问题时能够及时有效处理。对于不合格产品，建立登记销毁制度，规范记录不合格食品的名称、保质期、数量等内容。同时，企业应当定期向当地县（市、区）市场监督管理部门报告过期及不合格食品的登记和销毁情况。

对于供应商的管理，建议企业对供应商实行定期和不定期的食品安全严格审查和飞行检查，实行食品安全一票否决制。对过期食品和存在食品安全问题或隐患的食品，作就地销毁处理，不得退货等。企业也可公开供应商信息，接受监管部门和社会监督。对食材供应商的管理不宜停留在定期巡查层面，而应派员驻场，遇到类似突发事件时应停业整顿，而不是空转门店。

 知识学习

一、食品生产过程涉及的法律法规和标准

识别食品生产过程的合规义务，首先需识别食品生产过程涉及的法律法规和标准的要求。

1. 法律法规

食品生产需要满足《中华人民共和国食品安全法》《中华人民共和国食品安全法实施条例》《食品生产许可管理办法》《食品生产许可审查通则》《食品生产经营监督检查管理办法》以及各类食品审查细则等法律法规和相关文件的要求。地方法规对某类食品的生产有特殊要求的，也应符合相关要求。

2. 标准

与食品生产密切相关的食品安全国家标准有《食品安全国家标准 食品生产通用卫生规范》（GB 14881）、《食品安全国家标准 乳制品良好生产规范》（GB

12693)、《食品安全国家标准 食醋生产卫生规范》（GB 8954）、《食品安全国家标准 食品添加剂使用标准》（GB 2760）、《食品安全国家标准 食品接触材料及制品用添加剂使用标准》（GB 9685）、GB 4806 系列标准等具体细分行业现行有效的产品标准、检测标准及卫生规范等。冷链食品物流过程控制还需要符合《食品安全国家标准 食品冷链物流卫生规范》（GB 31605）的要求。食品安全地方标准对某类食品的生产有特殊要求的，也应符合相关要求。还有一些推荐性标准的要求，食品企业可以参考。

二、食品生产过程合规要求

以下从信息公示、生产资源管理、卫生管理、原辅料及包材采购管理、生产过程管理、检验管理、贮存和运输管理、培训管理、食品安全管理制度及记录管理 9 个方面来分别介绍食品生产过程合规管理要求。

1. 信息公示

食品生产企业在生产前需依据《食品生产许可管理办法》《食品生产许可审查通则》等相关规定取得食品生产许可证。食品生产企业应当在生产场所的显著位置悬挂或者摆放食品生产许可证正本。

食品生产企业在日常生产过程中，需要接受监管部门的监督检查。检查结果对消费者有重要影响的，食品生产企业应当按照规定在食品生产场所醒目位置张贴或者公开展示监督检查结果记录表，并保持至下次监督检查。有条件的可以通过电子屏幕等信息化方式向消费者展示监督检查结果记录表。

2. 生产资源管理

食品生产企业应当配备食品安全管理人员，有专职或者兼职的食品安全专业技术人员；具有与生产的食品品种、数量相适应的食品原料处理和食品加工、包装、贮存等场所，保持该场所环境整洁，并与有毒、有害场所以及其他污染源保持规定的距离；具有与生产的食品品种、数量相适应的生产设备或者设施；有相应的消毒、更衣、盥洗、采光、照明、通风、防腐、防尘、防蝇、防鼠、防虫、洗涤以及处理废水、存放垃圾和废弃物的设备或者设施。本部分从人员、设施设备、环境三个方面介绍对食品生产企业必备资源的要求。

（1）人员

依据《中华人民共和国食品安全法》和相关法规标准，食品生产企业应当建立健全食品安全管理制度，对职工进行食品安全知识培训，加强食品检验工作，依法从事生产经营活动。食品生产企业的主要负责人应当落实企业食品安全管理制度，对本企业的食品安全工作全面负责。食品生产经营企业应当配备食品安全管理人员，加强对其培训和考核。经考核不具备食品安全管理能力的，不得上岗。

生产人员要养成良好的卫生习惯，进入食品生产场所需穿着洁净的工作服，并按要求洗手、消毒；头发藏于工作帽内或使用发网约束，不得外露，不佩戴饰物、手表，不化妆、染指甲、喷洒香水；不得携带或存放与食品生产无关的个人用品。使用卫生间、接触可能污染食品的物品或从事与食品生产无关的其他活动后，再次从事接触食品、食品工器具、食品设备等与食品生产相关的活动前应洗手消毒。不同区域人员不应串岗。非食品加工人员不得进入食品生产场所，特殊情况下进入时应遵守和食品加工人员同样的卫生要求。应建立并执行食品加工人员健康管理制度。食品加工人员每年应进行健康检查，取得健康证明。上岗前应接受卫生培训。食品加工人员如患有痢疾、伤寒、甲型病毒性肝炎、戊型病毒性肝炎等消化道传染病，以及患有活动性肺结核、化脓性或者渗出性皮肤病等有碍食品安全的疾病，或有明显皮肤损伤未愈合的，应当调整到其他不影响食品安全的工作岗位。

（2）设施设备

设施设备分设施、设备和设备的维护与保养三个方面来进行介绍，其中设施包含供水设施、排水设施、清洗消毒设施、废弃物存放设施、个人卫生设施、通风设施、照明设施、仓储设施等，设备包括生产设备和监控设备。以下分别举例介绍。

① 设施

a. 供水设施。应能保证水质、水压、水量及其他要求符合生产需要。

食品加工用水的水质应符合《生活饮用水卫生标准》（GB 5749）的规定，对加工用水水质有特殊要求的食品应符合相应要求，间接冷却水、锅炉用水等食品生产用水的水质应符合生产需要。

食品加工用水与其他不与食品接触的用水（如间接冷却水、污水或废水等）应以完全分离的管路输送，避免交叉污染。各管路系统应明确标识以便区分，即不能用同一管道输送。

自备水源及供水设施应符合有关规定。供水设施中使用的涉及饮用水卫生安全产品还应符合国家相关规定。

处理水质涉及的设备、材料包括在饮用水生产和供水过程中，与饮用水直接接触的输配水设备（管材、管件、蓄水容器、供水设备）、水处理材料（活性炭、离子交换树脂、活性氧化铝等）、化学处理剂（絮凝剂、助凝剂、消毒剂、阻垢剂），统称为涉水产品，涉水产品的使用应符合《涉及饮用水卫生安全产品分类目录》《新消毒产品和新涉水产品卫生行政许可管理规定》以及《关于利用新材料、新工艺和新化学物质生产的涉及饮用水卫生安全产品判定依据的通告》等相关规定的要求。

b. 排水设施。排水系统的设计和建造应保证排水畅通、便于清洁维护；应适应食品生产的需要，保证食品及生产、清洁用水不受污染。

排水系统入口应安装带水封的地漏等装置，以防止固体废弃物进入及浊气逸出。

排水系统出口应有适当措施以降低虫害风险。

室内排水的流向应由清洁程度要求高的区域流向清洁程度要求低的区域，且应有防止逆流的设计。

污水在排放前应经适当方式处理，以符合国家污水排放的相关规定。污水排放应符合《污水综合排放标准》（GB 8978）等排放标准的要求。

c. 个人卫生设施。个人卫生设施包括更衣室、鞋靴设施、卫生间、洗手及消毒设施等，各类设施均有要求。

生产场所或生产车间入口处应设置更衣室，必要时特定的作业区入口处可按需要设置更衣室。更衣室应保证工作服与个人服装及其他物品分开放置。

生产车间入口及车间内必要处，应按需设置换鞋（穿戴鞋套）设施或工作鞋靴消毒设施。如设置工作鞋靴消毒设施，其规格尺寸应能满足消毒需要。

工作鞋靴消毒池的大小应与所在区域匹配，如人员能直接跨过工作鞋靴消毒池，那么这部分消毒管理可以认为是失效的，设施不但要有，而且要起到其应有的效果。要通过长和宽的设置来限制其出入，为保证消毒彻底要保证消毒水有足够的深度。为方便清理可设置排水装置。

应根据需要设置卫生间，卫生间的结构、设施与内部材质应易于保持清洁；卫生间内的适当位置应设置洗手设施。卫生间不得与食品生产、包装或贮存等区域直接连通。

应在清洁作业区入口设置洗手、干手和消毒设施；如有需要，应在作业区内适当位置加设洗手和（或）消毒设施；与消毒设施配套的水龙头其开关应为非手动式。如为手动式的，洗手消毒后再触摸水龙头，手部会被再次污染。建议企业安装脚踏式的，肘动式或者感应式的。按压式开关是否属于非手动式的判定原则：洗手时长较长，如按压一次能满足洗手要求则是，如需反复按压则不是。

洗手设施的水龙头数量应与同班次食品加工人员数量相匹配，必要时应设置冷热水混合器。洗手池应采用光滑、不透水、易清洁的材质制成，其设计及构造应易于清洁消毒。应在邻近洗手设施的显著位置标示简明易懂的洗手方法。

洗手设施的数量设计和热水装置的安装直接关乎员工的洗手意愿。如对于罐头类食品企业来说可参照《罐头食品企业良好操作规范》（GB/T 20938）5.11 部分来进行设置：

> 应在生产车间入口处、加工场所内及卫生间设置符合要求的足够数量的洗手、消毒及干手设施，水龙头数量可按生产现场最大班操作人员数量的 5% 至 10% 配置，应提供适当温度的温水洗手。

根据对食品加工人员清洁程度的要求，必要时应设置风淋室、淋浴室等设施。

干手器和风淋室不能作为日常生活用电器来进行管理，需定期清洁，防止洗手后二次污染。

d. 仓储设施。应具有与所生产产品的数量、贮存要求相适应的仓储设施。

仓库应以无毒、坚固的材料建成；仓库地面应平整，便于通风换气。仓库的设计应能易于维护和清洁，防止虫害藏匿，并应有防止虫害侵入的装置。

原料、半成品、成品、包装材料等应依据性质的不同分设贮存场所或分区域码放，并有明确标识，防止交叉污染。必要时仓库应设有温度、湿度控制设施。

贮存物品应与墙壁、地面保持适当距离，以利于空气流通及物品搬运。

物料需要离地、离墙、离顶储存，为了防潮、防止交叉污染、便于清扫，使物料处于一个相对均匀的环境条件中。

清洁剂、消毒剂、杀虫剂、润滑剂、燃料等物质应分别安全包装，明确标识，并应与原料、半成品、成品、包装材料等分隔放置，即企业应单独设立化学品库。

② 设备

a. 生产设备。应配备与生产能力相适应的生产设备，并按工艺流程有序排列，避免引起交叉污染。

材质方面。与原料、半成品、成品接触的设备与用具，应使用无毒、无味、抗腐蚀、不易脱落的材料制作，并应易于清洁和保养。设备、工器具等与食品接触的表面应使用光滑、无吸收性、易于清洁保养和消毒的材料制成，在正常生产条件下不会与食品、清洁剂和消毒剂发生反应，并应保持完好无损。

设计方面。所有生产设备应从设计和结构上避免零件、金属碎屑、润滑油或其他污染因素混入食品，并应易于清洁消毒、检查和维护。设备应不留空隙地固定在墙壁或地板上，或在安装时与地面和墙壁间保留足够空间，以便清洁和维护。

b. 监控设备。用于监测、控制、记录的设备，如压力表、温度计、记录仪等，应定期校准、维护。

食品生产企业生产线监控应当避免使用水银温度计，以免破损后造成玻璃异物污染以及汞化学污染。

③ 设备的维修与保养　应建立设备维修与保养制度，加强设备的日常维护和保养，定期检修，及时记录。

（3）环境

环境的要求包括选址，厂区环境，厂房、车间的设计和建筑布局以及内部结构与材料等方面。

① 选址　建厂需要考虑的因素很多，企业往往会处在一种被动的环境中做出选择，但是仍要保证以食品安全为前提。厂区不应选择对食品有显著污染的区域。显著污染的区域：工、农、生活污染源，如煤矿、钢厂、水泥厂、炼铝厂、有色金属冶炼厂、磷肥厂等；土壤、水质、环境遭到污染的场所等；城市垃圾填埋场所、污水处理厂等。不属于显著污染的情况是指食品工厂自带配套的污水处理设施、垃圾处理等设施及其他食品生产经营相关的可能产生污染的区域或设施。

② 厂区环境　应考虑环境给食品生产带来的潜在污染风险，并采取适当的措施将其降至最低水平。厂区应合理布局，各功能区域划分明显，并有适当的分离或分隔措施，防止交叉污染。厂区内的道路应铺设混凝土、沥青或者其他硬质

材料；空地应采取必要措施，如铺设水泥、地砖或铺设草坪等方式，保持环境清洁，防止正常天气下扬尘和积水等现象的发生。道路要做到无明显积水、污秽、泥泞，有风时要做到无扬尘。厂区绿化应与生产车间保持适当距离，植被应定期维护，以防止虫害的滋生。

③ 厂房、车间的设计和建筑布局　厂房和车间的内部设计和布局应满足食品卫生操作要求，避免食品生产中发生交叉污染。厂房和车间的设计应根据生产工艺合理布局，预防和降低产品受污染的风险。厂房和车间应根据产品特点、生产工艺、生产特性以及生产过程对清洁程度的要求合理划分作业区，并采取有效分离或分隔。如：通常可划分为清洁作业区、准清洁作业区和一般作业区；或清洁作业区和一般作业区等。一般作业区应与其他作业区域分隔。

④ 厂房、车间的建筑内部结构与材料　材料与涂料的共性要求：无毒、无味、易于清洁、消毒。内部结构易于维护、清洁或消毒，采用耐用材料。顶棚易于清洁、消毒，与生产需求相适应。墙壁使用无毒、无味的防渗透材料建造，光滑、不易积累污垢。门窗闭合严密，使用不透水、坚固、不变形的材料制成。地面使用不渗透，耐腐蚀的材料，平坦防滑、无裂缝。根据企业的特点选择合适的材料。合适的环境可以有效规避食品生产加工过程中的交叉污染，降低食品安全管理和产品质量管理的难度与成本。

3. 卫生管理

与其他制造业不同的是，食品生产企业加工过程除了要关注人身安全、设备安全和生产过程效率以外，还要特别注重食品安全及卫生管理。食品企业的卫生及安全管理是防止和消除食品在生产过程中遭受污染的重要措施。

卫生管理是食品生产企业食品安全与质量的核心内容，是向消费者提供安全和高质量食品的基本保障，卫生管理从原辅料采购、进货、使用、生产加工、包装到产品贮存、运输贯穿于整个食品生产经营的全过程。

卫生管理包含六个方面：卫生管理制度、厂房及设施卫生管理、食品加工人员健康管理与卫生要求、虫害控制、废弃物处理、工作服管理。

4. 原辅料及包材采购管理

依据《中华人民共和国食品安全法》，所有的食品原料必须符合相应的食品安全国家标准，禁止使用非食品原料和不符合食品安全国家标准的原料生产食品。所以源头的食品安全管理尤其重要，必须要确保合格的供应商提供，落实查验相应的资质和合规证明，同时也需要按照《中华人民共和国食品安全法》和

《食品安全国家标准 食品生产通用卫生规范》（GB 14881）标准要求实施进货查验与检验。

食品原料必须经过验收合格后方可使用，验收不合格的原料应有相应的处理措施，至少包含不合格的原料进行分区放置和有明显的标记、不合格原料的处置等，在原料或验收的过程中应对原料进行感官的验收，如无法或很难断定时也可以根据理化、微生物等验收，指标发生异常的应立即停止使用。

5. 生产过程管理

食品生产企业应落实食品污染的安全风险管理，并落实具体的监控计划与措施；对每个步骤或过程实施风险分析、评估、监视与测量管理，杜绝或预防可能产生的危害。

生产过程的食品安全控制包括清洗和消毒、化学污染的控制、物理污染的控制、食品加工过程的微生物监控、食品防护 5 个方面。

（1）清洗和消毒

《食品安全国家标准 食品生产通用卫生规范》（GB 14881）规定，应根据原料、产品和工艺的特点，针对生产设备和环境制定有效的清洁消毒制度，降低微生物污染的风险。

清洁消毒制度应包括以下内容：清洁消毒的区域、设备或器具名称；清洁消毒工作的职责；使用的洗涤剂、消毒剂；清洁消毒方法和频率；清洁消毒效果的验证及不符合的处理；清洁消毒工作及监控记录。

（2）化学污染的控制

在控制化学污染方面，应对可能污染食品的原料带入、加工过程中使用、污染或产生的化学物质等因素进行分析，如重金属、农兽药残留、持续性有机污染物、卫生清洁用化学品和实验室化学试剂等。针对产品加工过程的特点制定化学污染控制计划和控制程序，如对清洁消毒剂等专人管理、定点放置、清晰标识、做好领用记录等。

（3）物理污染的控制

物理污染可通过建立防止异物污染的管理制度，以及设置一些有效的措施避免，如采取设备维护、卫生管理、现场管理、外来人员管理、加工过程监督、筛网设置、捕集器安装、磁铁和金属检查器安装等。设施设备进行现场维修、维护及施工等工作时，应采取适当措施。针对车间用品，建议企业采购经久耐用的或可金探的，例如企业可以购买可金探的笔和创可贴等，来减少物理污染的风险。易碎品是物理污染的重要来源，建议企业建立易碎品管控制度，建立易碎品台账定期巡检记录来杜绝易碎品对生产过程的污染。

（4）食品加工过程的微生物监控

微生物监控包括环境微生物监控和加工过程微生物监控。监控指标主要以指示微生物（如菌落总数、大肠菌群、霉菌、酵母菌或其他指示菌）为主，配合必要的致病菌。监控对象包括食品接触表面、与食品或食品接触表面邻近的接触表面、加工区域内的环境空气、加工中的原料、半成品，以及产品、半成品经过工艺杀菌后微生物容易繁殖的区域。环境监控接触表面通常以涂抹取样为主，空气监控主要为沉降取样，检测方法应基于监控指标进行选择，参照相关项目的标准检测方法进行检测。食品加工过程的微生物监控程序应包括：微生物监控指标、取样点、监控频率、取样和检测方法、评判原则和整改措施等。

（5）食品防护

食品生产企业应强化风险意识，做好风险评估，建立防护计划，加强进口食品安全保障，防止人为或非客观因素意外影响食品安全的情况发生。企业应成立食品防护小组，加强应急处置能力建设，定期开展食品防护演练，提高全员风险意识和食品防护能力。食品企业应采取有力措施，加强食品防护。

6. 检验管理

企业应通过自行检验或委托具备相应资质的食品检验机构对原辅料和包材及产品进行检验，建立食品出厂检验记录制度。检验工作包括原辅包检验、半成品检验、成品检验三个方面。

（1）原辅包检验

依据《中华人民共和国食品安全法》《食品生产许可管理办法》和《食品安全国家标准 食品生产通用卫生规范》（GB 14881）等法律法规和食品安全标准，企业应建立食品原料、食品添加剂和食品相关产品的进货查验制度；所用食品原料、食品添加剂和食品相关产品涉及生产许可管理的，必须采购获证产品并查验供货者的产品合格证明。对无法提供合格证明的原料，要制定原料检验控制要求，应当按照食品安全标准进行检验。

（2）半成品检验

依据相应类别的生产技术规范，制定检验项目、抽样计划及检验方法，对生产过程进行检验，确认其品质合格后方可进入下道工序。

（3）成品检验

企业应结合相应类别的食品生产许可审查细则、执行标准、食品安全监督抽检计划、产品自身风险等综合制定检验项目、检验标准、抽样计划及检验方法，确保产品经检验合格后方可出厂。

7. 贮存和运输管理

依据《食品安全国家标准 食品生产通用卫生规范》（GB 14881）条款"10 食品的贮存和运输"，食品企业需要对食品的贮存与运输条件及环境实施管理，防止食品在贮存与运输过程中发生食品安全风险。

企业需要根据食品的特点和卫生要求选择适宜的贮存和运输条件，必要时应配备保温、冷藏、保鲜等设施。不得将食品与有毒、有害或有异味的物品一同贮存运输。应建立和执行适当的仓储制度，发现异常应及时处理。贮存、运输和装卸食品的容器、工器具和设备应当安全、无害，保持清洁，降低食品污染的风险。贮存和运输过程中应避免日光直射、雨淋、显著的温湿度变化和剧烈撞击等，防止食品受到不良影响。

食品原料仓库应设专人管理，建立和执行适当的仓储制度，定期检查质量和卫生情况，及时清理变质或超过保质期的食品原料。仓库出货顺序应遵循先进先出的原则，必要时应根据不同食品原料的特性确定出货顺序。

8. 培训管理

根据《中华人民共和国食品安全法》等相关规定，食品生产企业应建立食品生产相关岗位的培训制度，对食品加工人员以及相关岗位的从业人员进行相应的食品安全知识培训。培训内容应包括：食品安全法律法规和标准；食品安全管理制度；食品卫生及消毒知识；食品从业人员健康知识；食品安全基础知识及控制要求、岗位操作规程、关键控制点、食品安全防护、追溯和召回制度等。

9. 食品安全管理制度及记录管理

企业应制定必要的管理文件，食品安全管理体系文件系统包括手册、作业指导书、制度、程序文件、记录等标准化的文本，是食品企业开展食品质量管理和安全保证的基础。食品企业生产过程管理必须有良好的文件系统支持。文件系统能够避免信息由口头交流所可能引起的差错，并保证批生产和质量控制全过程的记录具有可追溯性。

依据《中华人民共和国食品安全法》和《食品安全国家标准 食品生产通用卫

生规范》（GB 14881）等相关法律法规和食品安全标准，食品企业需要建立明确的食品安全管理制度。管理制度在内容上至少应涵盖以下 15 个方面的生产经营活动的管理规定：采购及采购验证、产品防护、生产过程控制、检验管理、不合格品管理、消费者投诉受理、不安全食品召回、食品安全自查、食品安全事故处置、企业人员岗位设置及职责要求、从业人员培训、从业人员健康管理、企业档案管理、设备维修与保养、食品安全风险监测信息收集。

企业应确保各相关场所使用的文件均为有效版本。鼓励采用先进技术手段（如电子计算机信息系统），进行记录和文件管理。食品安全管理制度与生产规模、工艺技术水平、食品的种类特性相适应，需根据生产实际和实施经验不断完善。

第二节　食品经营过程合规管理

食品经营环节是实施食品全程监管的重要组成部分，《中华人民共和国食品安全法》从多角度规定了食品经营者的义务，包括人员、制度、记录、进货查验、过程控制要求等，食品经营者需要根据该法的要求落实食品安全主体责任。我国对食品的监管执行"四个最严"要求（最严谨的标准、最严格的监管、最严厉的处罚、最严肃的问责），以加大违法成本，震慑违法行为。出于自身的合规风险考量，食品经营者应当充分落实相关法规和标准对食品经营过程的合规要求。

 案例引入

1. 连锁餐饮后厨乱象

近年来，随着我国餐饮行业的规模不断扩大，餐饮行业存在的问题也日渐增多，主要表现在落实食品进货查验记录制度不到位、原料贮存和食品加工制作不规范、环境不整洁等方面。

据不完全统计，2021年至少有十几家知名连锁餐饮企业陆续被曝出食品安全问题。其中包括某火锅店用扫帚捣制冰机，碗筷清洗消毒"走过场"，使用"假鸭血"；某连锁餐饮门店鸡块掉地捡起继续炸，清洗剂直接滴进油锅，辅料里苍蝇乱飞，老油加新油永不更换；还有企业隔夜死蟹充当活蟹，过期变质原料再加工继续送上餐桌；有的企业使用发臭肉末、过期蔬菜，老油加新油变质发黑等。

2. 新式茶饮行业乱象

新式茶饮品牌是近年来市场上的热门赛道，是竞争最为激烈的行业之一，在这些新式茶饮品牌快速发展的过程中，家家都会投入大量的精力和资源进行广告营销、口碑宣传等，却往往会忽视对食品安全、卫生管理、产品质量等环节的控制而引发一系列行业乱象。其中，有企业被曝篡改开封食材日期，过夜奶浆继续使用，食材不清洗；有企业被曝蟑螂乱爬、水果腐烂、抹布不洗、标签不实；还有企业将过期材料更换标签，或错拿饮料样品导致顾客洗胃等。

风险分析

《食品安全法》第三十四条规定，禁止生产经营用超过保质期的食品原料、食品添加剂生产的食品、食品添加剂，标注虚假生产日期、保质期或者超过保质期的食品、食品添加剂。《餐饮服务食品安全操作规范》规定，餐具、饮具和盛放直接入口食品的容器，使用前应当洗净、消毒，炊具、用具用后应当洗净，保持清洁等。

连锁餐饮企业和新式茶饮大多以加盟店的形式盲目追求扩张，忽视了对自身质量管理的要求，食品安全管理制度形式化严重，门店对员工的培训不到位，导致部分员工食品安全意识淡薄。部分门店奉行着自己门店的"潜规则"，以追求利益最大化为基本原则，忽视了食品安全的重要性，同时品牌方对于加盟商的内部培训和经营审查执行不到位，未起到有效的监管作用。

《食品安全法》第一百二十四条规定，用超过保质期的食品原料、食品添加剂生产食品、食品添加剂，或者经营上述食品、食品添加剂以及生产经营标注虚假生产日期、保质期或者超过保质期的食品、食品添加剂的，尚不构成犯罪的，由县级以上人民政府食品安全监督管理部门没收违法所得和违法生产经营的食品、食品添加剂，并可以没收用于违法生产经营的工具、设备、原料等物品；违法生产经营的食品、食品添加剂货值金额不足一万元的，并处五万元以上十万元以下罚款；货值金额一万元以上的，并处货值金额十倍以上二十倍以下罚款；情节严重的，吊销许可证。

应对建议

企业应积极落实主体责任，完善食品安全管理制度。同时，加强从业人员食品安全法律法规的学习培训，定期对从业人员的专业知识等进行考核，经考核不具备食品安全管理能力的工作人员不得上岗。

日常经营中企业应严格遵守食品安全管理制度的要求，定期开展内部食品安全自检，定期检查库存食品，及时清理变质或者超过保质期的食品。对消费者投诉和网民反映比较集中的问题、自查找出的问题、监管部门检查发现的问题，积极整改，按时报送整改报告。

建立加盟商管理制度，加强对加盟商的培训和日常考核，定期或不定期对加盟商进行审查，同时可建立内部惩罚制度，对加盟商的违规操作进行适当惩罚，增大其违规成本，引导其合理合规经营。

知识学习

一、食品经营过程合规义务识别

识别食品经营过程的合规义务，首先需识别食品经营过程涉及的法律法规和标准的要求。

1. 法律法规方面

食品经营者需要满足《中华人民共和国食品安全法》《中华人民共和国农产品质量安全法》《中华人民共和国反食品浪费法》《中华人民共和国反不正当竞争法》《中华人民共和国食品安全法实施条例》《食品经营许可和备案管理办法》《食品召回办法》《食品生产经营监督检查管理办法》《中华人民共和国进出口食品安全管理办法》等法律法规的要求。餐饮服务提供者还需要遵循《餐饮服务食品安全操作规范》等法规的规定。入网食品经营者需要符合《中华人民共和国电子商务法》《网络交易监督管理办法》《网络食品安全违法行为查处办法》《网络餐饮服务食品安全监督管理办法》等法规的要求。

2. 标准方面

食品经营者需要满足《食品安全国家标准 食品经营过程卫生规范》（GB 31621）、《食品安全国家标准 餐饮服务通用卫生规范》（GB 31654）等标准的要求。

根据《食品经营许可和备案管理办法》的规定，食品经营主体业态主要分为食品销售经营者、餐饮服务经营者和集中用餐单位食堂。食品销售经营又分为预包装食品销售、散装食品销售，实际经营过程中还会具有线上线下的销售模式。餐饮服务是指通过即时加工制作、商业销售和服务性劳动等，向消费者提供食品和消费场所及设施的服务活动。由于食品经营业态和经营模式的不同，经营过程合规涉及的规定也有所不同。下面按食品销售和餐饮服务两种主要业态来分别概述其经营过程合规要求。

二、食品销售过程合规要求

1. 信息公示

食品经营者应在经营场所显著位置公示食品经营许可证正本，可以电子形式公示；通过第三方平台进行交易的，应在其经营活动主页面显著位置公示；通过自建网站交易的，在其网站首页显著位置公示，同时需要公示营业执照。由于目前国家对仅销售预包装食品的经营者实行备案管理，食品经营许可被纳入"多证合一"范畴的，可仅公示营业执照。利用自动设备从事食品经营的，应当在自动设备的显著位置展示食品经营者的联系方式、食品经营许可证复印件或者电子证书、备案编号。监督检查结果对消费者有重要影响的，食品经营者应在食品经营场所醒目位置张贴或者公开展示监督检查结果记录表，并保持至下次监督检查，可以电子形式公示。食品经营者收到监督抽检不合格检验结论后，应当按照国家市场监督管理总局的规定，在被抽检经营场所显著位置公示相关不合格产品信息。

2. 食品采购

采购食品应依据国家相关规定查验供货者的许可证和食品合格证明文件，并建立合格供应商档案。实行统一配送经营方式的食品经营企业，可以由企业总部统一查验供货者的许可证和食品合格证明文件，进行食品进货查验记录。

3. 食品运输

运输食品应使用专用运输工具，并具备防雨、防尘设施。根据食品安全相关要求，运输工具应具备相应的冷藏、冷冻设施或预防机械性损伤的保护性设施等，并保持正常运行。运输工具和装卸食品的容器、工具和设备应保持清洁和定期消毒。当食品冷链物流关系到公共卫生事件时，应增加对运输工具的厢体内外部、运输车辆驾驶室等的清洁消毒频次，并做好记录。

食品运输工具不得运输有毒有害物质，防止食品污染。运输过程操作应轻拿轻放，避免食品受到机械性损伤。同一运输工具运输不同食品时，应做好分装、分离或分隔，防止交叉污染。

食品经营者委托运输食品的，应当对受托方的食品安全保障能力进行审核，并监督受托方按照保证食品安全的要求运输食品。

4. 食品验收

应依据国家相关法律法规及标准，对食品进行符合性验证和感官抽查，对有温度控制要求的食品应进行运输温度和食品的温度测定，应尽可能缩短冷冻（藏）食品的验收时间，减少其温度变化。

食品经营者应查验食品合格证明文件，并留存相关证明；验收鲜肉、冷却肉、冻肉、食用副产品时，应检查动物检疫合格证明、动物检疫标志等，采购猪肉的，还应查验肉品品质检验合格证明和非洲猪瘟病毒检测报告。食品相关文件应属实且与食品有直接对应关系；具有特殊验收要求的食品，需按照相关规定执行。

如实记录食品的名称、规格、数量、生产日期、保质期、进货日期以及供货者的名称、地址及联系方式等信息；记录、票据等文件应真实，保存期限不得少于食品保质期满后 6 个月；没有明确保质期的，保存期限不得少于两年。

食品验收合格后方可入库；不符合验收标准的食品不得接收，应单独存放，做好标记并尽快处理。

5. 食品贮存

贮存场所应保持完好、环境整洁，与有毒、有害污染源有效分隔，距离粪坑、污水池、暴露垃圾场（站）、旱厕等污染源 25m 以上。贮存场所地面应做到硬化，平坦防滑并易于清洁、消毒，有适当的措施防止积水。应有良好的通风、排气装置，保持空气清新无异味，避免日光直接照射。

贮存设备、工具、容器等应保持卫生清洁，并采取有效措施（如纱帘、纱网、防鼠板、灭蝇灯、风幕等）防止鼠类、昆虫等侵入。

对于需要冷藏冷冻的食品，不同品种、规格、批次的产品应分别堆垛，防止串味和交叉污染。需冷冻的食品贮存环境温度应不高于 −18℃，需冷藏的食品贮存环境温度应为 0 ～ 10℃，贮存冷却肉、冷藏食用副产品以及需冷藏贮存的肉制品的设施和设备应能保持 0 ～ 4℃ 的温度，并做好温度记录；对于有湿度要求的食品，还应满足相应的湿度贮存要求。贮存的食品应与库房墙壁和地面间距不少于 10cm，防止虫害藏匿并利于空气流通。

生食与熟食等容易交叉污染的食品应采取适当的分隔措施，固定存放位置并明确标识。散装食品贮存场所应具有相对独立的区域或显著的隔离措施。贮存散装食品时，应在贮存位置标明食品的名称、生产日期、保质期、生产者名称及联系方式等内容。

清洁剂、消毒剂、杀虫剂等物质应分别包装，明确标识，并与食品及包装材料分隔放置。

应遵循先进先出的原则，定期检查库存食品，及时处理变质或超过保质期的食品。应记录食品进库、出库时间和贮存温度及其变化。

食品经营者委托贮存食品的，应当对受托方的食品安全保障能力进行审核，并监督受托方按照保证食品安全的要求贮存食品。

6. 食品销售

（1）场所和设施要求

应具有与经营食品品种、规模相适应的销售场所。销售场所应布局合理，食品经营区域与非食品经营区域分开设置，生食区域与熟食区域分开，待加工食品区域与直接入口食品区域分开，经营水产品的区域应与其他食品经营区域分开，防止交叉污染。

应具有与经营食品品种、规模相适应的销售设施和设备。与食品表面接触的设备、工具和容器，应使用安全、无毒、无异味、防吸收、耐腐蚀且可承受反复清洗和消毒的材料制作，易于清洁和保养。

销售场所的建筑设施、温湿度控制、虫害控制的要求参照"食品贮存"的相关规定。应配备设计合理、防止渗漏、易于清洁的废弃物存放专用设施，必要时应在适当地点设置废弃物临时存放设施，废弃物存放设施和容器应标识清晰并及时处理。

如需在裸露食品的正上方安装照明设施，应使用安全型照明设施或采取防护措施。

（2）销售过程管理

① 易腐食品销售　肉、蛋、乳、速冻食品等容易腐败变质的食品应建立相应的温度控制等食品安全控制措施并确保落实执行。鲜肉、冷却肉、冻肉、食用副产品与肉制品应分区或分柜销售。冷却肉、冷藏食用副产品以及需冷藏销售的肉制品应在 0～4℃的冷藏柜内销售；冻肉、冷冻食用副产品以及需冷冻销售的肉制品应在 −15℃及以下温度的冷冻柜销售，并做好温度记录。对所销售的肉及肉制品应检查并核对其保质期和卫生情况，及时发现问题，发现异常的，应停止销售。销售未经密封包装的直接入口肉制品时，应佩戴符合相关标准的口罩和一次性手套；销售未经密封包装的肉和肉制品时，为避免产品在选购过程中受到污染，应配备必要的卫生防护措施，如一次性手套等。

② 散装食品销售　销售散装食品，应在散装食品的容器、外包装上标明食品的名称、成分或者配料表、生产日期、保质期、生产经营者名称及联系方式等内容。散装食品标注的生产日期应与生产者在出厂时标注的生产日期一致。销售散装熟食，还应有销售专间、专区或专柜，应配备具有防腐、防尘、防蝇、防鼠、防虫及保温或冷藏功能的设施，设置可开闭式食品传递设施；如需进行切割、分装等简单处理，应具有专间或专用操作区。散装食品销售场所应具有相对

独立的区域或显著的隔离措施，直接入口散装食品应与生鲜畜禽、水产品分区设置，并有一定距离的物理隔离。直接入口的散装食品应当有防尘防蝇等设施设备，使用有效覆盖或隔离容器盛放食品。散装食品售货工具应放入防尘、防蝇、防污染的专用密闭保洁柜内或存放于专用的散装食品售货工具存放容器内。直接接触食品的从业人员应当具有健康证明。以散装形式销售的不易于挑拣异物或易引起交叉污染的食品，应采用小包装计量或使用密闭容器。使用密闭容器的应设置便于消费者查看、取用食品的工用具。

③ 销售过程中分装　在经营过程中包装或分装的食品，不得更改原有的生产日期和延长保质期。包装或分装食品的包装材料和容器应无毒、无害、无异味，应符合国家相关法律法规及标准的要求。

④ 临期食品销售　超市、商场等食品经营者应对临近保质期的食品分类管理，作特别标示或者集中陈列出售。对超过保质期食品及时进行清理，并采取停止经营、单独存放等措施，主动退出市场。

⑤ 酒类销售　经营者应在销售场所显著位置设置"不向未成年人销售酒"的标志。

⑥ 禁止销售的情形　食品经营者不应当销售国家法律法规中明文禁止销售的食品（《中华人民共和国食品安全法》第三十四条）。当发现经营的食品不符合食品安全标准时，应立即停止经营，并有效、准确地通知相关生产经营者和消费者，并记录停止经营和通知情况。应配合相关食品生产经营者和食品安全主管部门进行相关追溯和召回工作，避免或减轻危害。针对所发现的问题，食品经营者应查找各环节记录、分析问题原因并及时改进。

⑦ 销售记录　从事食品批发业务的经营企业销售食品，应如实记录批发食品的名称、规格、数量、生产日期或者生产批号、保质期、销售日期以及购货者名称、地址、联系方式等内容，并保存相关票据。记录和凭证保存期限不得少于食品保质期满后 6 个月；没有明确保质期的，保存期限不得少于两年。通过自建网站交易食品的生产经营者应当记录、保存食品交易信息，保存期限不得少于食品保质期满后 6 个月；没有明确保质期的，保存期限不得少于两年。

7. 人员管理

食品经营企业应按照规定配备与企业规模、食品类别、风险等级、管理水平、安全状况等相适应的食品安全总监、食品安全员等食品安全管理人员，明确企业主要负责人、食品安全总监、食品安全员等的岗位职责，但不应聘用符合

《中华人民共和国食品安全法》第一百三十五条规定的禁止从业情形的人员。食品经营企业应建立相关岗位的培训制度和培训计划，对从业人员进行相应的食品安全知识培训，经考核不具备食品安全管理能力的，不得上岗。

食品经营人员应当保持个人卫生，经营食品时，应当将手洗净，穿戴清洁的工作衣、帽等；使用卫生间、接触可能污染食品的物品后，再次从事接触食品、食品工具、容器、食品设备、包装材料等与食品经营相关的活动前，应洗手消毒；在食品经营过程中，不应饮食、吸烟、随地吐痰、乱扔废弃物等；接触直接入口或不需清洗即可加工的散装食品时应戴口罩、手套和帽子，头发不应外露。

食品经营者应当建立并执行从业人员健康管理制度，患有国务院卫生行政部门规定的有碍食品安全疾病（见《有碍食品安全的疾病目录》）的人员，不得从事接触直接入口食品的工作。从事接触直接入口食品工作的食品生产经营人员应当每年进行健康检查，取得健康证明后方可上岗工作。

8. 食品安全管理制度

食品安全管理制度应与经营规模、设备设施水平和食品的种类特性相适应，应根据经营实际和实施经验不断完善食品安全管理制度。食品安全管理制度应当包括：食品安全自查制度、食品安全追溯制度、从业人员健康管理制度、食品安全管理人员培训和考核制度、进货查验记录制度、场所及设施设备清洗消毒和维修保养制度、食品贮存管理制度、废弃物处置制度、不合格食品处置制度、食品安全事故处置方案以及食品经营过程控制制度等，制定食品安全风险管控清单，建立健全日管控、周排查、月调度工作制度和机制，食品批发经营企业还应建立食品销售记录制度。

应对文件进行有效管理，确保各相关场所使用的文件均为有效版本。

三、餐饮服务过程合规要求

2022 年 2 月 22 日，《食品安全国家标准 餐饮服务通用卫生规范》（GB 31654—2021）正式实施，2018 年国家市场监督管理总局印发的《餐饮服务食品安全操作规范》也依旧是有效状态，因此餐饮服务提供者需要同时满足上述标准和法规要求。由于上述标准和法规之间存在部分不同，本部分综合考虑了两者内容进行介绍。

餐饮服务过程管理主要包括信息公示、场所与布局、设施与设备、原料控制、加工过程控制、供餐、配送、清洁维护和废弃物管理、人员、食品安全管理等。

1. 信息公示

餐饮服务提供者应将食品经营许可证、餐饮服务食品安全等级标识、日常监督检查结果记录表等公示在就餐区醒目位置。在就餐区公布投诉举报电话。

入网餐饮服务提供者应在网上公示餐饮服务提供者的名称、地址、餐饮服务食品安全等级信息、食品经营许可证。

宜在食谱上或食品盛取区、展示区，公示食品的主要原料及其来源、加工制作中添加的食品添加剂等。入网餐饮服务提供者应在网上公示菜品名称和主要原料名称。

宜采用"明厨亮灶"方式，公开加工制作过程。

应公示从事接触直接入口食品工作从业人员的健康证明。

2. 场所与布局

（1）选址

餐饮服务场所应选择与经营的食品相适应的地点，保持该场所环境清洁。餐饮服务场所不应选择对食品有污染风险，以及有害废弃物、粉尘、有害气体、放射性物质和其他扩散性污染源不能有效清除的地点。餐饮服务场所周围不应有可导致虫害大量滋生的场所，难以避开时应采取必要的防范措施。应距离粪坑、污水池、暴露垃圾场（站）、旱厕等污染源25m以上。

（2）设计和布局

应具有与经营的食品品种、数量相适应的场所。食品处理区应设置在室内，其设计应根据食品加工、供应流程合理布局，满足食品卫生操作要求，避免食品在存放、加工和传递中发生交叉污染。应设置独立隔间、区域或者设施用于存放清洁工具（包括扫帚、拖把、抹布、刷子等，下同）。专用于清洗清洁工具的区域或者设施，其位置应不会污染食品，并与其他区域或设施能够明显区分。食品处理区使用燃煤或者木炭等易产灰固体燃料的，炉灶应为隔墙烧火的外扒灰式。饲养和宰杀畜禽等动物的区域，应位于餐饮服务场所外，并与餐饮服务场所保持适当距离。

（3）建筑内部结构与材料

建筑内部结构应易于维护、清洁、消毒，应采用适当的耐用材料建造。地面、墙壁、门窗、天花板的结构应能避免有害生物侵入和栖息。

天花板宜距离地面2.5m以上。餐饮服务场所天花板涂覆或装修的材料应无毒、无异味、防霉、不易脱落、易于清洁。

食品处理区墙壁的涂覆或铺设材料应无毒、无异味、不透水、防霉、不易脱落、易于清洁。食品处理区的门、窗应闭合严密，采用不透水、坚固、不变形的材料制成，结构上应易于维护、清洁。需经常冲洗的场所（包括粗加工制作、切配、烹饪和餐用具清洗消毒等场所），应铺设 1.5m 以上、浅色、不吸水、易清洗的墙裙。各类专间的墙裙应铺设到墙顶。

食品处理区的门、窗闭合严密，无变形、无破损。与外界直接相通的门和可开启的窗，应设置易拆洗、不易生锈的防蝇纱网或空气幕。与外界直接相通的门能自动关闭。专间的门能自动关闭。应采取必要的措施，防止门窗玻璃破碎后对食品和餐用具造成污染。

食品处理区地面的铺设材料应无毒、无异味、不透水、耐腐蚀，结构应有利于排污和清洗的需要。食品处理区地面应平坦防滑，易于清洁、消毒，有利于防止积水。清洁操作区不得设置明沟，地漏应能防止废弃物流入及浊气逸出。

3. 设施与设备

（1）供水设施

应能保证水质、水压、水量及其他要求符合食品加工需要。食品加工制作用水的水质应符合 GB 5749 的规定。加工制作现榨果蔬汁、食用冰等直接入口食品的用水，应为预包装饮用水、使用经过水净化设备或设施处理后的直饮水、煮沸冷却后的生活饮用水，其他对加工用水水质有特殊需要的，应符合相应规定。

（2）排水设施

排水设施的设计和建造应保证排水畅通，便于清洁、维护；应能保证食品加工用水不受污染。需经常冲洗的场所地面和排水沟应有一定的排水坡度。排水沟应设有可拆卸的盖板，排水沟内不应设置其他管路。

（3）餐用具清洗、消毒和存放设施设备

餐用具清洗、消毒、保洁设施与设备的容量和数量应能满足需要。餐用具清洗设施、设备应与食品原料、清洁工具的清洗设施、设备分开并能够明显区分。采用化学消毒方法的，应设置餐用具专用消毒设施、设备。餐用具清洗、消毒设施、设备应采用不透水、不易积垢、易于清洁的材料制成。应设置专用保洁设施存放消毒后的餐用具。保洁设施应采用不易积垢、易于清洁的材料制成，与食品、清洁工具等存放设施能够明显区分，防止餐用具受到污染。

（4）洗手设施

食品处理区应设置洗手设施。洗手设施应采用不透水、不易积垢、易于清洁的材料制成。专间、专用操作区水龙头应采用非手触动式开关。洗手设施附近应配备洗手用品和干手设施等。从业人员专用洗手设施附近的显著位置还应标示简明易懂的洗手方法。洗手设施的排水设有防止逆流、有害生物侵入及臭味产生的装置。

（5）更衣区

应与食品处理区处于同一建筑物内，宜位于食品处理区入口处。更衣设施的数量应当满足需要。

（6）照明设施

食品处理区应有充足的自然采光或者人工照明，工作面的光照强度不得低于220lx，其他场所的光照强度不宜低于110lx，光源不得改变食品的感官颜色。食品处理区内在裸露食品正上方安装照明设施的，应使用安全型照明设施或者采取防护措施，避免照明灯爆裂后污染食品。冷冻（藏）库应使用防爆灯。

（7）通风排烟设施

产生油烟的设备、工序上方应设置机械排风及油烟过滤装置，过滤器应便于清洁、更换。产生大量蒸汽的设备、工序上方应设置机械排风排气装置，并做好凝结水的引泄。与外界直接相通的排气口外应加装易于清洁的防虫筛网。专间应设立独立的空调设施。应定期清洁消毒空调及通风设施。

（8）贮存设施

根据食品原料、半成品、成品的贮存要求，设置相应的食品库房或者贮存场所以及贮存设施，必要时设置冷冻、冷藏设施。同一库房内贮存原料、半成品、成品、包装材料的，应分设存放区域并显著标示，分离或分隔存放，防止交叉污染。清洁剂、消毒剂、杀虫剂、醇基燃料等物质的贮存设施应有醒目标识，并应与食品、食品添加剂、包装材料等分开存放或者分隔放置。应设专柜（位）贮存食品添加剂，标注"食品添加剂"字样，并与食品、食品相关产品等分开存放。

（9）废弃物存放设施

应设置专用废弃物存放设施。废弃物存放设施与食品容器应有明显的区分标识。废弃物存放设施应有盖，能够防止污水渗漏、不良气味逸出和虫害滋生，并易于清洁。

（10）食品容器、工具和设备

根据加工食品的需要，配备相应的容器、工具和设备等。不应将食品容器、工具和设备用于与食品盛放、加工等无关的用途。设备的摆放位置应便于操作、清洁、维护和减少交叉污染。

4. 原料控制

原料控制分为采购、运输、验收与贮存，基本控制要求可参见本节食品销售部分采购、运输、验收和贮存的相关要求。

特定餐饮服务提供者应建立供货者评价和退出机制，应自行或委托第三方机构定期对供货者食品安全状况进行现场评价。不得采购亚硝酸盐（包括亚硝酸钠、亚硝酸钾）等法律法规明令禁止餐饮非使用的物品。冷冻贮存食品前，宜分割食品，避免使用时反复解冻、冷冻。

5. 加工过程控制

（1）基本要求

不应加工法律法规禁止生产经营的食品（《中华人民共和国食品安全法》第三十四条）。加工过程不应有法律法规禁止的行为。加工前应对待加工食品进行感官检查，发现有腐败变质、混有异物或者其他感官性状异常等情形的，不应使用。不应在餐饮服务场所内饲养、暂养和宰杀畜禽。

应采取并不限于下列措施，避免食品在加工过程中受到污染：用于食品原料、半成品、成品的容器和工具分开放置和使用；不在食品处理区内从事可能污染食品的活动；不在食品处理区外从事食品加工、餐用具清洗消毒活动；接触食品的容器和工具不应直接放置在地面上或者接触不洁物。

（2）初加工

冷冻（藏）易腐食品从冷柜（库）中取出或者解冻后，应及时加工使用。应缩短解冻后的高危易腐食品原料在常温下的存放时间，食品原料的表面温度不宜超过 8℃。

食品原料加工前应洗净。盛放或加工制作不同类型食品原料的工具和容器应分开使用。未经事先清洁的禽蛋使用前应清洁外壳，必要时消毒。经过初加工的食品应当做好防护，防止污染。经过初加工的易腐食品应及时使用或者冷藏、冷冻。生食蔬菜、水果和生食水产品原料应在专用区域或设施内清洗处理，必要时消毒。生食蔬菜、水果清洗消毒方法参见《食品安全国家标准 餐饮服务通用卫生规范》（GB 31654）附录 A。

（3）烹饪

食品烹饪的温度和时间应能保证食品安全。需要烧熟煮透的食品，加工时食品的中心温度应达到 70℃以上；加工时食品的中心温度低于 70℃的，应严格控制原料质量安全或者采取其他措施（如延长烹饪时间等），确保食品安全。

应尽可能减少食品在烹饪过程中产生有害物质。食品煎炸所使用的食用油和煎炸过程的油温，应当有利于减缓食用油在煎炸过程中发生劣变。煎炸用油不符合食品安全要求的，应及时更换。盛放调味料的容器应保持清洁，使用后加盖存放。

（4）食品添加剂使用

使用食品添加剂的，应在技术上确有必要，并在达到预期效果的前提下尽可能降低使用量。如使用食品添加剂应符合《食品安全国家标准 食品添加剂使用标准》（GB 2760）规定。用容器盛放开封后的食品添加剂的，应在容器上标明食品添加剂名称、生产日期或批号、使用期限，并保留食品添加剂原包装。开封后的食品添加剂应避免受到污染。使用 GB 2760 规定按生产需要适量使用品种以外的食品添加剂的，应专册记录食品名称、食品数量、加工时间以及使用的食品添加剂名称、生产日期或批号、使用量、使用人等信息。使用 GB 2760 有最大使用量规定的食品添加剂，应采用称量等方式定量使用。

6. 供餐

分派菜肴、整理造型的工具使用前应清洗消毒。加工围边、盘花等的材料应符合食品安全要求，使用前应清洗，必要时消毒。烹饪后的易腐食品、烹饪完毕至食用时间需超过 2h 的，应在 60℃以上保存，或按要求冷却后进行冷藏。

供餐过程中，应采取有效防护措施，避免食品受到污染。供餐过程中，应使用清洁的托盘等工具，避免从业人员的手部直接接触食品（预包装食品除外）。用餐时，就餐区应避免受到扬尘活动的影响（如施工、打扫等）。与餐（饮）具的食品接触面或者食品接触的垫纸、垫布、餐具托、口布等物品应一客一换。撤换下的物品应清洗消毒，一次性用品应废弃。事先摆放在就餐区的餐（饮）具应当避免污染。

7. 配送

（1）基本要求

根据食品特点选择适宜的配送工具，必要时应配备保温、冷藏等设施。配送工具应防雨、防尘。配送的食品应有包装，或者盛装在密闭容器中。食品包装和容器应符合食品安全相关要求，食品容器的内部结构应便于清洁。配送前应对配送工具和盛装食品的容器（一次性容器除外）进行清洁，接触直接入口食品的还应消毒，防止食品受到污染。食品配送过程的温度等条件应当符合食品安全要求。配送过程中，原料、半成品、成品、食品包装材料等应使用容器或者独立包装等进行分隔。包装应完整、清洁，防止交叉污染。不应将食品与醇基燃料等有毒、有害物品混装配送。

（2）外卖配送

送餐人员应当保持个人卫生。配送箱（包）应保持清洁，并定期消毒。配送过程中，直接入口食品和非直接入口食品、需低温保存的食品和热食品应分隔，防止直接入口食品污染，并保证食品温度符合食品安全要求。鼓励使用外卖包装封签，便于消费者识别配送过程外卖包装是否开启。使用一次性容器、餐饮具的，应选用符合食品安全要求的材料制成的容器、餐饮具。

（3）信息标注

中央厨房配送的食品，应在包装或者容器上标注中央厨房信息，以及食品名称、中央厨房加工时间、保存条件、保存期限等，必要时标注门店加工方法。集体用餐配送单位配送的食品，应在包装、容器或者配送箱上标注集体用餐配送单位信息、加工时间、食用时限和食用方法，冷藏保存的食品还应标注保存条件。

8. 清洁维护和废弃物管理

（1）餐用具卫生

餐（饮）具使用后应及时清洗消毒［方法参见《食品安全国家标准 餐饮服务通用卫生规范》（GB 31654）附录 B］。鼓励采用热力等物理方法消毒餐用具。采用化学消毒的，消毒液应现用现配，并定时测量消毒液的浓度。餐（饮）具消毒设备和设施应正常运转。宜沥干、烘干清洗消毒后的餐用具。使用擦拭巾擦干的，擦拭巾应专用，并经清洗消毒后方可使用。消毒后的餐用具应符合《食品安全国家标准 消毒餐（饮）具》（GB 14934）规定。

消毒后的餐（饮）具应存放在专用保洁设施内。保洁设施应保持清洁，防止清洗消毒后的餐（饮）具受到污染。不应重复使用一次性餐（饮）具。

委托餐（饮）具集中消毒服务单位提供清洗消毒服务的，应当查验、留存餐（饮）具集中消毒服务单位的营业执照复印件和消毒合格证明。这些证明材料的保存期限不应少于消毒餐（饮）具使用期限到期后 6 个月。

（2）场所、设施、设备卫生和维护

餐饮服务场所、设施、设备应定期维护，出现问题及时维修或者更换。餐饮服务场所、设施、设备应定期清洁，必要时消毒。

（3）废弃物管理

餐厨废弃物应分类放置、及时清除，不应溢出废弃物存放设施。废弃物存放设施应及时清洁，必要时消毒。应索取并留存餐厨废弃物收运者的资质证明复印件（需加盖收运者公章或由收运者签字），并与其签订收运合同，明确各自的食品安全责任和义务。应建立餐厨废弃物处置台账，详细记录餐厨废弃物的处置时间、种类、数量、收运者等信息。

（4）清洁和消毒

使用的洗涤剂、消毒剂应分别符合《食品安全国家标准 洗涤剂》（GB 14930.1）和《食品安全国家标准 消毒剂》（GB 14930.2）等有关规定。应按照洗涤剂、消毒剂的使用说明进行操作。餐饮服务常用消毒剂及化学消毒注意事项参见 GB 31654 附录 C。

9. 人员

（1）人员健康和培训管理

基本要求参照食品销售人员管理相关要求。其中，餐饮服务企业应每年对其从业人员进行一次食品安全培训考核，特定餐饮服务提供者应每半年对其从业人员进行一次食品安全培训考核。餐饮安全管理人员原则上每年应接受不少于 40h 的餐饮服务食品安全集中培训。餐饮服务企业应配备专职或兼职食品安全管理人员。

（2）人员卫生

从业人员工作时，应保持良好的个人卫生。从业人员工作时，应穿清洁的工作服。应根据加工品种和岗位的要求配备专用工作服，如工作衣、帽、发网等，必要时配备口罩、围裙、套袖、手套等。工作服应定期清洗更换，必要时及时更换。操作中应保持清洁。专间、专用操作区专用工作服应与其他区域工作服的外观有明显区分。

食品处理区内从业人员不应留长指甲、涂指甲油，不应化妆。工作时，佩戴的饰物不应外露；应戴清洁的工作帽，避免头发掉落污染食品。专间和专用操作区内的从业人员操作时，应佩戴清洁的口罩，口罩应遮住口鼻。

从业人员加工食品前应洗净手部。从事接触直接入口食品工作的从业人员，加工食品前还应进行手部消毒。使用卫生间、接触可能污染食品的物品或者从事

与食品加工无关的其他活动后，再次从事接触食品、食品容器、工具、设备等与餐饮服务相关的活动前应重新洗手，从事接触直接入口食品工作的还应重新消毒手部。手部清洗、消毒方法参见 GB 31654 附录 D。如佩戴手套，应事先对手部进行清洗消毒。手套应清洁、无破损，符合食品安全要求。

10. 食品安全管理

（1）管理制度和事故处置

餐饮服务企业应当按照法律法规要求和本单位实际，制定食品安全风险管控清单，建立健全日管控、周排查、月调度工作制度和机制，建立并不断完善原料控制、餐用具清洗消毒、餐饮服务过程控制、从业人员健康管理、从业人员培训、食品安全自查、进货查验和记录、食品留样、场所及设施设备清洗消毒和维修保养、食品安全信息追溯、消费者投诉处理等保证食品安全的规章制度，并制定食品安全突发事件应急处置方案。

发生食品安全事故的单位，应对导致或者可能导致食品安全事故的食品及原料、工具、设备、设施等，立即采取封存等控制措施，按规定报告事故发生地相关部门，配合做好调查处置工作，并采取防止事态扩大的相关措施。

（2）食品安全自查

应自行或者委托第三方专业机构开展食品安全自查，及时发现并消除食品安全隐患，防止发生食品安全事故。自查发现条件不再符合食品安全要求的，应当立即采取整改措施；有发生食品安全事故潜在风险的，应当立即停止食品经营活动，并向所在地食品安全监督管理部门报告。

自查频率要求：对食品安全制度的适用性，每年至少开展一次自查；特定餐饮服务提供者对其经营过程应每周至少开展一次自查；其他餐饮服务提供者对其经营过程应每月至少开展一次自查；获知食品安全风险信息后，应立即开展专项自查。

（3）记录和文件管理

餐饮服务企业应建立记录制度，按照规定记录从业人员培训考核、进货查验、食品添加剂使用、食品安全自查、消费者投诉处置、变质或超过保质期或者回收食品处置、定期除虫灭害等情况。对食品、加工环境开展检验的，还应记录检验结果。记录内容应完整、真实。法律法规和标准没有明确规定的，记录保存时间不少于 6 个月。

第四章
食品产品合规管理

 知识目标

1. 掌握食品原辅料相关规定。
2. 掌握食品配方合规判定的方法。
3. 掌握产品指标的要求及合规判定方法。

 技能目标

1. 能够判定食品配方合规性。
2. 能够判定食品产品指标的合规性。

 职业素养与思政目标

1. 具有敏锐的观察判断能力，分析和解决问题的能力。
2. 具有较强的质量、安全、责任和诚信意识。
3. 具有严谨的法律意识和食品安全责任意识。
4. 具有高度的社会责任感和职业敏锐度。

第一节 食品配方合规管理

食品配方合规指食品生产企业按照相关的标准法规和监管要求选择食品配料组织生产。如果不合规，企业可能会受到法律制裁、行政处罚、财产损失和声誉损失，由此造成的风险，即为配方合规风险。作为主动的应对，企业在对其所面临的配方合规风险进行识别、分析和评价的基础之上，建立并改进配方合规管理流程，从而实现对配方合规风险进行有效的管控。

如果企业在生产经营过程中没有完全做到配方合规，不但会使企业产品不能正常上市销售，影响企业正常运行，而且会扰乱市场秩序，甚至损害其他相关经济主体的利益。因此，加强企业配方合规管理，是企业正常运行的基本要求，是防范化解重大风险、保持社会稳定的重要保障。

案例引入

近年来，在食品中添加金箔的处罚事件并不鲜见，最常见易被非法加入金箔的食品有蛋糕、白酒、寿司等。2022 年 2 月 17 日，金华市市场监督管理局开发区分局汤溪市场监管所查获涉嫌生产经营含金银箔粉食品违法行为的蛋糕坊 3 家，依法扣押装饰金银箔粉 7 瓶（约 14 克）。同日，桐乡市市场监督管理局查处了一起销售"金箔酒"案件，该局依据规定对经营者进行了行政处罚。

风险分析

随着网红食品的兴起，有商家再次瞄准了金箔，将金箔加入食品中。为加强食品安全监督管理，严厉查处生产经营含金（银）箔金（银）粉类物质食品违法行为，2022 年 1 月 29 日，国家市场监督管理总局、农业农村部、国家卫生健康委员会及海关总署四部门联合制定并发布《查处生产经营含金银箔粉食品违法行为规定》（以下简称《规定》）。《规定》明确，金银箔粉未列入《食品安全国家标准 食品添加剂使用标准》（GB 2760），不属于食品添加剂，不是食品原料，不能用于食品生产经营。对于生产、销售含金银箔粉食品或者生产销售含金银箔粉的食用农产品的，由市场监管部门、农业农村主管部门按照《食品安全法》相关规定予以查处，涉嫌犯罪的，依法移送公安机关。所以金箔不能添加到食品中，食品中添加金箔属于违法行为。

应对建议

　　我国已经明确了严禁在食品生产经营活动中使用金银箔粉，食品生产者应当按照食品安全法律法规及标准生产加工食品，加强原辅料采购控制，不采购使用金银箔粉生产加工食品。食品、食用农产品销售者应当加强进货查验，不采购销售含金银箔粉食品及食用农产品。餐饮服务提供者应当加强原料采购、加工制作管理，不制作、售卖含金银箔粉的餐食。

　　食品生产经营企业应当做到产品配方合规，如果企业在生产经营过程中没有完全做到配方合规，可能会使企业受到法律制裁，使企业产品不能正常上市销售，影响企业正常运行，甚至会扰乱市场秩序，损害其他相关经济主体的利益。

知识学习

一、食品配方合规判定依据

　　食品配方合规首先需要确认产品的执行标准及其应满足的相关食品安全标准，然后根据产品的执行标准对配方中用到的原料、添加剂、营养强化剂等进行合规判定。

1. 配料合规的法律依据

　　食品配料是指在制造或加工食品时使用的，并存在（包括以改性的形式存在）于产品中的任何物质，包括食品添加剂。配料可以存在或以改性的形式存在于食品中。"以改性形式存在"是指制作食品时使用的原料、辅料经加工已发生了改变。食品添加剂属于配料范畴。食品本身含有的成分或者在食品制造、生产过程中产生的副产物不属于配料。例如配料发生美拉德反应产生的风味物质就不符合配料的定义，不属于配料的范畴。

2. 食品原料合规性判定

　　《中华人民共和国食品安全法》对食品原料作出了规定，相关监管部门为规范食品原辅料管理还制定了一系列相关的具体要求。

　　食品原料具备食品的特性，符合应当有的营养要求，且无毒、无害，对人体健康不造成任何急性、亚急性、慢性或者其他潜在危害。目前我国可以用作食品原料的物质主要包括普通食品原料（包括可食用的农副产品、取得生产许可的加工食品)、新食品原料、食药物质、可用于食品的菌种等。

一般来说,已有食品标准、有传统食用习惯以及国家卫生行政部门批准作为普通食品管理的原料等可以作为普通食品原料使用。

如果使用了新食品原料,应查看相关公告中是否有相应的原料允许使用的食品类别等特殊要求,并且新食品原料的名称需要与公告的标准名称保持一致。例如国家卫生健康委《关于蝉花子实体(人工培植)等 15 种"三新食品"的公告》(2020 年 第 9 号)中透明质酸钠被批准为新食品原料,使用范围:乳及乳制品,饮料类,酒类,可可制品、巧克力和巧克力制品(包括代可可脂巧克力及制品)以及糖果,冷冻饮品。如果产品类别不符合公告要求,则不能使用透明质酸钠。

2019 年修订的《中华人民共和国食品安全法实施条例》规定,对按照传统既是食品又是中药材的物质目录,国务院卫生行政部门会同国务院食品安全监督管理部门应当及时更新。为加强依法履职,国家卫生健康委员会经商国家市场监督管理总局同意,制定了《按照传统既是食品又是中药材的物质目录管理规定》。《卫生部关于进一步规范保健食品原料管理的通知》(卫法监发〔2002〕51 号)附件 1 中列出了第一批既是食品又是药品的物品名单,即食药物质。食药物质主要是在中国传统上有食用习惯、民间广泛食用,同时又在中医临床中使用的物质。

3. 食品添加剂合规性判定

食品添加剂指为改善食品品质和色、香、味以及为防腐、保鲜和加工工艺的需要而加入食品中的人工合成或者天然物质,包括营养强化剂。《食品安全国家标准 食品添加剂使用标准》(GB 2760)规定,食品添加剂也包括食品用香料、胶基糖果中基础剂物质、食品工业用加工助剂。

GB 2760 规定了我国批准使用的食品添加剂的种类、名称、使用范围、使用量、使用原则等。GB 14880 规定了营养强化剂的允许使用品种、使用范围、使用量、可使用的营养素化合物来源等,一旦生产单位在食品中进行营养强化,则必须符合该标准的相关要求,但是生产单位可以自愿选择是否在产品中强化相应的营养素。

食品添加剂的产品标准包括《食品安全国家标准 复配食品添加剂通则》(GB 26687)、《食品安全国家标准 食品用香精》(GB 30616)、《食品安全国家标准 食品用香料通则》(GB 29938)等,国家卫生行政部门发布的部分食品添加剂新品种公告中也规定了食品添加剂新品种的质量规格要求。

产品中如果使用了食品添加剂,应判断该产品在《食品安全国家标准 食品添加剂使用标准》（GB 2760）中具体的食品类别，再判断具体使用的食品添加剂是否允许用于该食品类别中，并按照标准中规定的使用量要求使用。食品添加剂的使用还应关注是否有相关的增补公告。

具体操作请扫描二维码查看。

食品添加剂
数据库查询

食品营养强化
剂数据库查询

（1）食品添加剂使用安全性原则

《食品安全国家标准 食品添加剂使用标准》（GB 2760）规定了食品添加剂的使用原则。

---

a）不应对人体产生任何健康危害；

b）不应掩盖食品腐败变质；

c）不应掩盖食品本身或加工过程中的质量缺陷或以掺杂、掺假、伪造为目的而使用食品添加剂；

d）不应降低食品本身的营养价值；

e）在达到预期效果的前提下尽可能降低在食品中的使用量。

（2）食品添加剂带入原则

在下列情况下食品添加剂可以通过食品配料（含食品添加剂）带入食品中：根据《食品安全国家标准 食品添加剂使用标准》（GB 2760），食品配料中允许使用该食品添加剂；食品配料中该添加剂的用量不应超过允许的最大使用量；应在正常生产工艺条件下使用这些配料，并且食品中该添加剂的含量不应超过由配料带入的水平；由配料带入食品中的该添加剂的含量应明显低于直接将其添加到该食品中通常所需要的水平。

当某食品配料作为特定终产品的原料时，批准用于上述特定终产品的添加剂允许添加到这些食品配料中，同时该添加剂在终产品中的量应符合《食品安全国家标准 食品添加剂使用标准》（GB 2760）的要求。在所述特定食品配料的标签上应明确标示该食品配料用于上述特定食品的生产。

食品配料中添加的食品添加剂，是为了在特定终产品中发挥工艺作用，而不是在食品配料中发挥工艺作用。必须满足以下几个条件。

① 此添加剂必须是《食品安全国家标准 食品添加剂使用标准》（GB 2760）

规定可以使用于该食品终产品中的品种，而且在配料中的使用量要保证在终产品中的量不超过《食品安全国家标准 食品添加剂使用标准》（GB 2760）的规定。

② 添加了上述食品添加剂的配料仅能作为特定食品终产品的原料。

③ 标签上必须明确标识该食品配料是用于特定食品终产品的生产。

在某食品中检出某食品添加剂时，要考虑是否符合《食品安全国家标准 食品添加剂使用标准》（GB 2760）标准条款"3.4.2 带入原则"，一是要注意标签是否明确标识用于某种特定食品终产品生产；二是检出的量，按照配比换算到终产品中的量后，是否超过《食品安全国家标准 食品添加剂使用标准》（GB 2760）规定的用量。

（3）食品添加剂使用规定

食品添加剂的使用应符合《食品安全国家标准 食品添加剂使用标准》（GB 2760）附录 A 的规定，GB 2760 —2024 附录 A 共包括 A.1 ～ A.6 六条规定、表 A.1 ～ A.2 二个附表。

> A.1 表 A.1 规定了食品添加剂的允许使用品种、使用范围以及最大使用量或残留量。
> A.2 表 A.2 规定了表 A.1 中例外食品编号对应的食品类别。
> A.3 表 A.1 列出的食品添加剂按照规定的使用范围和最大使用量使用。如允许某一食品添加剂应用于某一食品类别时，则允许其应用于该类别下的所有类别食品，另有规定的除外。下级食品类别中与上级食品类别中对于同一食品添加剂的最大使用量规定不一致的，应遵守下级食品类别的规定。
> A.4 表 A.1 列出的同一功能且具有数值型最大使用量的食品添加剂 (仅限相同色泽着色剂、防腐剂、抗氧化剂) 在混合使用时，各自用量占其最大使用量的比例之和不应超过 1。
> A.5 表 A.1 未包括对食品用香料和用作食品工业用加工助剂的食品添加剂的有关规定。
> A.6 表 A.1 中的"功能"栏为该食品添加剂的主要功能，供使用时参考。

（4）食品营养强化剂的使用要求

《食品安全国家标准 食品营养强化剂使用标准》（GB 14880）标准中明确了食品营养强化剂的定义，食品营养强化剂是指为了增加食品的营养成分（价值）而加入到食品中的天然或人工合成的营养素和其他营养成分。

如果使用了营养强化剂，应判断该产品在《食品安全国家标准 食品营养强化剂使用标准》（GB 14880）中具体的食品类别，再判断具体使用的营养强化剂是否允许在该食品类别中强化，同时注意所使用的营养强化剂化合物来源准确，并按照标准中规定的使用量要求使用。营养强化剂的使用还应关注是否有相关的增补公告。

GB 14880 标准中对营养强化剂的使用要求如下。

---

4. 营养强化剂的使用要求

4.1 营养强化剂的使用不应导致人群食用后营养素及其他营养成分摄入过量或不均衡，不应导致任何营养素及其他营养成分的代谢异常。

4.2 营养强化剂的使用不应鼓励和引导与国家营养政策相悖的食品消费模式。

4.3 添加到食品中的营养强化剂应能在特定的储存、运输和食用条件下保持质量的稳定。

4.4 添加到食品中的营养强化剂不应导致食品一般特性如色泽、滋味、气味、烹调特性等发生明显不良改变。

4.5 不应通过使用营养强化剂夸大强化食品中某一营养成分的含量或作用误导和欺骗消费者。

GB 14880 标准中对可强化食品类别的选择要求如下。

---

5. 可强化食品类别的选择要求

5.1 应选择目标人群普遍消费且容易获得的食品进行强化。

5.2 作为强化载体的食品消费量应相对比较稳定。

5.3 我国居民膳食指南中提倡减少食用的食品不宜作为强化的载体。

营养强化剂在食品中的使用范围、使用量应符合 GB 14880 附录 A 的要求。

允许使用的化合物来源应符合 GB 14880 附录 B 的规定。

特殊膳食用食品中营养素及其他营养成分的含量按相应的食品安全国家标准执行，允许使用的营养强化剂及化合物来源应符合 GB 14880 附录 C 和（或）相应产品标准的要求。GB 14880 附录 C 共两个表格，其中表 C.1 规定了允许用于特殊膳食用食品（即 GB 14880 附录 D 中 13.0 类下的食品）的营养强化剂及化合物来源名单，表 C.2 规定了仅允许用于部分特殊膳食用食品的其他营养成分及使用量。

二、食品配方合规判定要点

1. 食品分类的确认

食品分类以主要原料为主要分类原则，同时结合主要工艺、产品形态、消费方式、包装形式或主要成分等特征属性，实施相应的食品分类管理。

（1）主要原料分类原则

围绕食品的定义，以"食品的可食用性"的特征，将食品从众多品类的商品中分离出来。而食品的源头主要有动物源、植物源及微生物来源。其中，动物源性的食品，如乳及乳制品、肉及肉制品、蛋及蛋制品和水产及水产制品等；植物源性的食品，如粮食、水果、蔬菜、茶、坚果及籽类等。所以，较多的食品分类都是以主要原料为主要分类原则。

产品分类可以通过分类术语标准中的定义判定，通过搜索关键词查询，比如"分类""术语""通则"等。查询到的标准有《食品工业基本术语》（GB/T 15091）、《水产品加工术语》（GB/T 36193）、《调味品分类》（GB/T 20903）、《糕点分类》（GB/T 30645）、《大豆食品分类》（SB/T 10687）等，在这类标准中有食品的分类、定义及适用范围。

（2）主要工艺分类原则

对于一些食品，因为主要原料来源广泛、无法统一或变化较大，所以在管理中，无法实施相应的原料分类原则，但是因为这部分食品具有较强的主要工艺属性特征，所以可以利用这些主要工艺特性进行相应的分类，如速冻（冷冻）工艺、焙烤工艺、膨化工艺、高温高压杀菌的商业无菌工艺等。以这部分主要工艺为特征属性进行分类并实施相应的食品分类管理。

（3）主要用途分类原则

除了主要原料、主要工艺外，还有一部分食品，具有相同的用途和目的，所以也可以依据主要用途属性特征进行分类。

例如：《食品安全国家标准 食品添加剂使用标准》（GB 2760）附录 E 食品分类系统中的 11.0 甜味料，包括蜂蜜；12.0 调味品；13.0 特殊膳食用食品；14.0 饮料类；16.03 胶原蛋白肠衣；16.04 酵母及酵母类制品。以上食品分类主要是依据主要用途属性特征进行分类。

有时根据产品的原料及工艺不能准确地判定出产品的类别，可以综合考虑产品的食用方式，比如薄荷叶，以浸泡或煮的方式来食用时属于代用茶，直接食用时一般属于香辛料。

2. 配料的可食用性判定

确定产品的执行标准后，还要对配料表中用到的原辅料的可食用性进行判定，下面介绍几种判定的方法。

（1）根据食品相关标准判定

在一些食品相关标准中，列举了该类食品可以使用的配料，这些标准可作为配料可食用性的判定依据。例如，《果蔬汁类及其饮料》（GB/T 31121）附录 B 中列出的物品可以作为果蔬汁的原料使用。但是很多时候需要将多个标准法规的规定结合起来进行判断。例如，文冠果油，鉴于该产品具有长期人群食用历史，且国家粮食和物资储备局已发布标准《文冠果油》（LS/T 3265），同时也在新食品原料终止审查目录中有相关说明，因此按普通食品管理，可以用于食品配料。

（2）根据新食品原料的公告判定

以重瓣红玫瑰为例，玫瑰花与玫瑰花（重瓣红玫瑰）是两个不同的名称，玫瑰花（重瓣红玫瑰）是国家卫生部公告 2010 年第 3 号《关于批准 DHA 藻油、棉籽低聚糖等 7 种物品为新资源食品及其他相关规定的公告》中允许作为普通食品生产经营的专用名称，只有玫瑰花（重瓣红玫瑰）为原料时，才能作为普通食品生产经营。

（3）根据食药物质名单判定

以当归为例，根据国家卫生健康委员会发布的《关于当归等 6 种新增按照传统既是食品又是中药材的物质公告》，当归，拉丁名字 *Angelica sinensis*（Oliv.）Diels，食用部位为根部，仅作为香辛料和调味品。因此，食品中可以使用食药物质中的当归作为食品配料，但仅作为香辛料和调味品使用。

（4）根据终止审查的新食品原料名单公布情况判定

终止审查的新食品原料名单在国家卫生健康委员会监督中心网站发布，终止审查的原料分为三种情况。

① 经审核为普通食品或与普通食品具有实质等同的；
② 与已公告的新食品原料具有实质等同的；
③ 其他终止审查的情况（例如已有国家标准的食品原料，或有传统食用习惯的产品等）。

以金莲花为例，新食品原料终止审查目录显示，鉴于金莲花已有多种单方和成方制剂被《中华人民共和国药典》收录，具有明确的药理活性，建议终止审查。根据上述终止审查的情况，金莲花不可以用作食品配料。

（5）根据保健食品原料名单判定

《保健食品原料目录》中物品可作为保健食品原料使用，以褪黑素为例，根据《国家市场监督管理总局 国家卫生健康委员会 国家中医药管理局关于发布辅

酶 Q_{10} 等五种保健食品原料目录的公告》，褪黑素的适宜人群为成人，是保健食品原料，不可以用于普通食品中。

（6）根据可用于食品的菌种名单、可用于婴幼儿食品的菌种名单判定

目前我国传统上用于食品生产加工的菌种允许继续使用，名单以外的菌种按照新食品原料管理。

3. 食品添加剂的使用合规性判定

《食品安全国家标准 食品添加剂使用标准》（GB 2760）中的食品分类系统用于界定食品添加剂的使用范围，只适用于该标准。其中如某一食品添加剂应用于一个食品类别时，就允许其应用于该食品类别包含的所有下级食品类别（除非另有规定），反之下级食品允许使用的食品添加剂不能被认为可应用于其上级食品，所以在查找一个食品类别中允许使用的食品添加剂不能被认为可应用于其上级食品，在查找一个食品类别中允许使用的食品添加剂时，特别需要注意食品类别的上下级关系。

第二节　食品指标合规管理

产品指标合规主要是指食品等产品按照法律法规、食品安全标准和企业标准的要求进行检测以后，所测得的产品指标符合要求。企业在申请生产许可时需要提供试制样品的检测报告，在产品出厂时自行或委托第三方检测机构进行出厂检验，监督管理部门依法进行监督抽检。不论是企业自行检验、委托检验还是监管部门的监督抽检，其依据都是产品指标的合规要求。

📋 案例引入

2015年4月26日，央视一档栏目《是真的吗》，公布了北京市场8份草莓样品的检测结果，发现草莓中的农药乙草胺超标，最高残留量是0.367mg/kg，参照欧盟标准超标了7倍多。北京市农业局回应称，北京已成立调查组赴草莓主产区昌平区进行调查，并将在全市范围内专项启动草莓生产过程中的农药使用检查，一旦发现不合格产品，严禁上市。浏阳、天津、南京均未在草莓中检出乙草胺。4月30日，北京市食安委发布消息称，北京市售草莓抽检均未检出乙草胺。有专家也纷纷表示，草莓中检出农药乙草胺很奇怪，从草莓的标准种植过程来看，使用乙草胺并导致其残留超标的可能性很低。最终证实本次事件检测方不具有检测资质。

🌐 风险分析

乙草胺是一种除草剂，主要用于大田作物，而草莓是多年生草本植物，用了乙草胺，草莓苗也会被除掉。我国在农药的使用量、使用对象和使用间隔期上有严格规定，目前，乙草胺是不允许在草莓上使用的。

《食品安全国家标准 食品中农药最大残留限量》只规定了糙米、玉米、大豆、花生、油菜籽、大蒜、姜、马铃薯中乙草胺的最大残留标准是0.05~0.2mg/kg。根据《食品安全法》第三十四条的规定，禁止生产经营下列食品、食品添加剂、食品相关产品：致病性微生物，农药残留、兽药残留、生物毒素、重金属等污染物质以及其他危害人体健康的物质含量超过食品安全标准限量的食品、食品添加剂、食品相关产品。

检验检测作为国家质量基础的重要组成部分，是一项严谨、细致的工作，对于检测样品、设备、方法及标准都有严格要求，这就要求检测机构必须取得相关检测资质，否则就会对检测结果产生影响，进而造成损失。

 应对建议

食品生产企业在生产经营过程中应当按照食品安全法律法规及标准生产加工食品，同时要建立食品出厂检验记录制度，查验出厂食品的检验合格证和安全状况，如实记录食品的名称、规格、数量、生产日期或者生产批号、保质期、检验合格证号、销售日期以及购货者名称、地址、联系方式等内容，并保存相关凭证。

食品检验应由食品检验机构指定的检验人独立进行。检验人应当依照有关法律法规的规定，并按照食品安全标准和检验规范对食品进行检验，尊重科学，恪守职业道德，保证出具的检验数据和结论客观、公正，不得出具虚假检验报告。

 知识学习

一、食品产品指标合规的法律法规要求

食品产品指标合规是食品产品安全的基本要求。食品产品指标要求的制定是以食品安全风险评估为科学基础，食品的安全性主要通过其最终产品的各项指标对于各项标准法规的符合性来体现。

食品产品指标合规是食品企业对其产品质量安全的承诺。依据法律法规要求，食品生产企业必须针对其生产的每一批次食品提供出厂检验报告。合格的出厂检验报告表明了产品的合规性，也表明企业履行了法定的食品出厂检验义务。

食品产品指标合规是食品安全监管的重要判断尺度。每年我国各级市场监督管理部门都制订计划进行食品安全抽样检验，通过抽检来对食品企业的生产情况和国家整体的食品安全情况进行把握。

二、食品产品指标合规判定依据

食品产品指标合规判定依据的主要标准法规包括以下方面。

1. 食品标准规定的指标要求

首先是食品产品标准。食品安全国家标准中的产品标准按照产品的类别，规定了各种健康影响因素的限量要求，包括各大类食品的定义、感官、理化和微生物等要求。

其次是各类食品安全通用标准。通用标准主要规定了各类食品安全健康危害物质的限量要求，包括《食品安全国家标准 食品中真菌毒素限量》(GB 2761)、《食品安全国家标准 食品中污染物限量》(GB 2762)、《食品安全国家标准 食品中农药最大残留限量》(GB 2763)、《食品安全国家标准 食品中兽药最大残留限量》(GB 31650)、《食品安全国家标准 预包装食品中致病菌限量》(GB 29921)、《食品安全国家标准 散装即食食品中致病菌限量》(GB 31607)等。

食品标准规定的指标要求包括食品安全指标和质量指标两方面。

其中食品安全指标一般由食品安全标准作出规定，是对于食品产品的强制性要求，出厂的食品必须符合相应的食品安全指标要求。食品安全指标要求又包括产品标准和通用标准的规定。产品标准主要规定了产品的定义、感官要求、理化指标、微生物指标等方面的要求，例如《食品安全国家标准 灭菌乳》(GB 25190)、《食品安全国家标准 饮料》(GB 7101)、《食品安全国家标准 糕点、面包》(GB 7099)等。

质量指标主要是指对于食品中不涉及食品安全方面的指标要求。这些指标要求一般由推荐性的国家标准、行业标准、地方标准等作出规定。除了一些强制性的食品安全国家标准有要求，如果企业在其产品标签上标识了执行某个产品标准，则必须符合相应执行标准的质量指标要求。需要注意的是，有的推荐性产品标准中规定了产品的质量等级，则不同等级的产品应符合相应等级的指标要求。

2. 法律法规规定的指标要求

除了考虑产品标准、通用标准中规定的指标外，还需要考虑法规中规定的产品特殊指标要求。例如，《卫生部等 5 部门关于三聚氰胺在食品中的限量值的公告》规定了食品中三聚氰胺的限量；《卫生部办公厅关于通报食品及食品添加剂邻苯二甲酸酯类物质最大残留量的函》规定了食品中塑化剂的限量；《婴幼儿配方乳粉生产许可审查细则》(2022 版)规定生产 0 ~ 6 月龄的产品所使用的乳清粉的灰分≤ 1.5% 或乳清蛋白粉的灰分≤ 5.5%。不同品类的产品要求也不尽相同，这往往是食品企业在进行产品指标合规判定时容易忽略的部分。

三、食品产品指标构成

食品中的各项指标要求包括指标类型、指标名称、指标要求、标法来源、检测方法等。

1. 指标类型

食品的指标类型主要包括感官指标、理化指标和微生物指标。感官指标一般是指食品的色泽、外观、状态、气味、滋味等方面的要求。理化指标主要是指食品物理化学特征指标，例如水分、灰分、蛋白质、脂肪、维生素、矿物质的含量要求以及表征食品品质的指标，如酱油的氨基酸态氮，油脂的酸价、过氧化值等。微生物指标包括两大类，一类是指示性微生物指标，一类是致病菌指标。

2. 指标名称

指标名称是指各项指标的具体名称，例如铅、砷、沙门氏菌等。需要注意的是，指标名称的表述必须完整，不同的表述含义不同。例如，总砷和无机砷，总砷包括有机砷和无机砷，有机砷的毒性极低；无机砷如三氧化二砷俗称砒霜，毒性很强。如果表述不完整，就容易产生很大的风险。再比如大肠杆菌和大肠菌群，大肠菌群是细菌领域的用语，不代表某一个或某一属类细菌，而是具有某些特性的一组与粪便污染有关的细菌；大肠杆菌又称大肠埃希氏菌，是一种普通的原核生物，一般认为大肠菌群范围包括大肠杆菌。

3. 指标要求

指标要求是指各项指标的具体要求。对于理化指标，其指标要求一般包括数值、单位和备注；对于微生物指标，一般包括采样方案和限值要求及单位等。例如，《食品安全国家标准 预包装食品中致病菌限量》（GB 29921）规定乳粉和调制乳粉中金黄色葡萄球菌的限量要求是：n=5，c=2，m=10 CFU/g（mL），M=100 CFU/g（mL）。

4. 标法来源

标法来源是指各项指标所依据的法律法规和食品标准。

5. 检测方法

一般情况下，食品的指标要求与其检测方法存在对应关系，脱离了检测方法谈指标要求并没有意义。目前，我国食品安全标准中的检测方法主要包括理化检测方法、微生物检测方法、毒理学检验方法、农药残留检测方法和兽药残留检测方法。理化相关检测方法标准如 5009 系列标准。《食品卫生检验方法 理化部分总则》（GB/T 5009.1）为该系列标准总则，规定了食品卫生检验方法理化部分的检验基本原则和要求。微生物方面的检测方法如 4789 系列标准，《食品安全国家

标准 食品微生物学检验 总则》（GB 4789.1）为该系列标准总则，规定了食品微生物学检验基本原则和要求。

四、食品产品指标合规判定要点

1. 确定产品分类及执行标准

在进行食品产品指标合规判定时，食品分类的确定方法和原则与食品配方合规判定时食品分类的确定依据和方法基本一致，主要是依据主要原料、主要工艺、产品形态等方面，在本章第一节已有说明。需要注意的是，同一产品在不同的标准中所属的分类可能不同，需要依据相应标准的分类原则来确定分类，进而确定其应符合的指标要求。例如，对芹菜的污染物指标进行判定时，应依据 GB 2762 的食品分类体系，将其归属为茎类蔬菜；而对其农药残留指标进行判定时，应依据 GB 2763 的食品分类体系，将其归属为叶菜类蔬菜；对乳糖的真菌毒素指标进行判定时，应依据 GB 2761 的食品分类体系，将其归属为糖类；对乳糖的污染物指标进行判定时，应依据 GB 2762 的食品分类体系，将其归属为乳及乳制品。

2. 确定产品合规指标要求

确定产品分类及产品标准后，需要依据前述食品产品指标的构成，确定产品合规指标要求，包括产品标准、通用标准、法规公告中指标。需要注意的是，食品产品指标的确定必须完整准确，尤其不要遗漏标准修改单及专门公告中的要求。例如，《花生油》（GB/T 1534）1 号修改单将压榨成品一级花生油质量指标加热试验（280℃）指标由"无析出油，油色不变"修改为"无析出油，油色不得变深"，二级花生油质量指标加热试验（280℃）指标由"允许微量析出物和油色变深"修改为"允许微量析出物和油色变深，但不得变黑"。

对于一类或一种食品的所有的指标要求通常称为一个指标体系。为了方便合规判定，可以用列表的形式来汇总形成一个完整的产品指标体系。

第五章
食品标签与广告合规管理

 知识目标

1. 掌握食品标签标识的要求及合规判定方法。
2. 掌握食品广告的要求及合规判定方法。

 技能目标

1. 能够协助判定食品标签标识的合规性。
2. 能够协助判定食品广告的合规性。

 职业素养与思政目标

1. 具有严谨的合规管理意识。
2. 具有严谨的法律意识和食品安全责任意识。
3. 具有高度的社会责任感和专业使命感。

食品标签，通常是指食品包装上的文字、图形、符号等一切说明信息。《食品安全法》规定，散装食品和预包装食品都需要有完整的标识要求，必须按照相关法律法规和食品安全标准的要求标识相关信息。

案例引入

2021 年 4 月 10 日，某饮料企业在其官方微博发布公告称：在其乳茶的产品标识和宣传中没有说清楚"0 蔗糖"与"0 糖"的区别，容易引发误解。通过最近的努力，对乳茶做了以下修正升级：从 2021 年 2 月 4 日起生产的大部分乳茶和 2021 年 3 月 18 日起生产的全部 ×× 乳茶，包装从原来的"0 蔗糖低脂肪"改为"低糖低脂肪"，从 2021 年 3 月 20 日起生产的全部 ×× 乳茶，原料中不再含有结晶果糖。

公告一出，该企业随即被推上舆论的风口浪尖，引发了公众对于"0糖""0 蔗糖"等的热议，同时，也暴露出商家对于"0 糖"等产品虚假宣传的营销噱头。

风险分析

1. 违反食品标签标识相关规定

根据《食品安全国家标准 预包装食品营养标签通则》（GB 28050—2011）规定，每 10g 固体食物或每 100mL 液体食物中的糖含量≤ 0.5g，即可标注为"无糖"或"0糖"食品。这里的"糖"包括葡萄糖、果糖等单糖，以及蔗糖、乳糖等双糖。"0 蔗糖"只代表没有添加其中一种糖分，并不意味着不含有其他糖类，更不等同于"0 糖"。

根据《食品安全国家标准 预包装食品标签通则》（GB 7718—2011）3.4 条规定，应真实、准确，不得以虚假、夸大、使消费者误解或欺骗性的文字、图形等方式介绍食品，也不得利用字号大小或色差误导消费者。该企业乳茶虽然未添加蔗糖，但是其中添加了结晶果糖，而且配料中还有全脂乳粉和脱脂乳粉，乳粉中也含有乳糖，因此，它不可能完全符合"0 糖"的要求。在实际宣传过程中，该企业一直宣称自己的产品为无糖饮料，这就让消费者误认为"0 蔗糖"即"0 糖"。

该企业"0 蔗糖 低脂肪"的标识，涉嫌违反《中华人民共和国消费者权益保护法》第三章第二十条规定：经营者向消费者提供有关商品或者服务的质量、性能、用途、有效期限等信息，应当真实、全面，不得作虚假或者引人误解的宣传。同时也违反《中华人民共和国广告法》第一章第四条的规定：广告不得含有虚假或者引人误解的内容，不得欺骗、误导消费者。

2. 企业内部管理不当

食品企业在产品宣称时，屡打"擦边球"、玩文字游戏。究其原因主要包括：企业内部合规管理不当，产品标签合规意识淡薄且流程审核不严，企业抱有侥幸心理，未主动落实主体责任等。

3. 国家监管日益严格

对于"无""不含""不添加""零添加"等用词，2020 年 7 月，国家市场监督管理总局发布了《食品标识监督管理办法（征求意见稿）》，向社会公开征求意见。意见稿第三十二条拟规定，对于食品中不含有或者未使用的物质，不得标注"不添加""零添加""不含有"或类似字样强调不含有或者未使用。

2024 年，国家卫健委发布的《食品安全国家标准 预包装食品标签通则》（征求意见稿）中拟规定，使用"无""不含"等词汇时，其相应配料或成分含量应为"0"，若其他法律法规或食品安全标准中另有规定的应从其规定。食品添加剂、污染物及法律法规和标准中规定的不允许添加的物质，或不应存在于食品中的物质不得使用"无""不含"及其同义语等词汇进行声称。不得使用"不添加""不使用"及其同义语等词汇，若其他法律法规或食品安全国家标准中有规定的应从其规定。

应对建议

1. 加强产品标签合规管理

作为品牌方，应该关注消费者的需求，关注产品的口味、功能，注重品牌的长远发展，而不能靠短时间的吸睛来赚取流量。产品标签应符合相应的法律法规要求，在做到产品合规的同时，应加强宣传内容的审核，在宣传时，应采用清晰易懂、不引起误解的产品标签和广告宣传。

2. 主动落实主体责任

任何形式的产品标签内容都应与实际情况相符，尤其是涉及到营养声称、含量声称、比较声称等，要符合相应的法律法规规定。

在日常经营过程中，可利用公众号及宣传册等形式，加强食品相关基础知识的科普宣传，尊重消费者的知情权和选择权，让消费者选择自己真正需要的产品。

3. 关注行业相关舆情事件

企业应积极关注行业发展动态，尤其是热点舆情事件，及时完成企业内部自查自纠。

 知识学习

一、食品标签的基本要求

1. 食品安全法中的相关要求

第六十七条规定：预包装食品的包装上应当有标签。标签应当标明下列事项：（一）名称、规格、净含量、生产日期；（二）成分或者配料表；（三）生产者的名称、地址、联系方式；（四）保质期；（五）产品标准代号；（六）贮存条件；（七）所使用的食品添加剂在国家标准中的通用名称；（八）生产许可证编号；（九）法律、法规或者食品安全标准规定应当标明的其他事项。专供婴幼儿和其他特定人群的主辅食品，其标签还应当标明主要营养成分及其含量。

第六十八条规定：食品经营者销售散装食品，应当在散装食品的容器、外包装上标明食品的名称、生产日期或者生产批号、保质期以及生产经营者名称、地址、联系方式等内容。

第六十九条规定：生产经营转基因食品应当按照规定显著标示。

第七十一条规定：食品和食品添加剂的标签、说明书，不得含有虚假内容，不得涉及疾病预防、治疗功能。生产经营者对其提供的标签、说明书的内容负责。食品和食品添加剂的标签、说明书应当清楚、明显，生产日期、保质期等事项应当显著标注，容易辨识。食品和食品添加剂与其标签、说明书的内容不符的，不得上市销售。

第七十八条规定：保健食品的标签、说明书不得涉及疾病预防、治疗功能，内容应当真实，与注册或者备案的内容相一致，载明适宜人群、不适宜人群、功效成分或者标志性成分及其含量等，并声明"本品不能代替药物"。保健食品的功能和成分应当与标签、说明书相一致。

第九十七条规定：进口的预包装食品、食品添加剂应当有中文标签；依法应当有说明书的，还应当有中文说明书。标签、说明书应当符合食品安全法以及我国其他有关法律、行政法规的规定和食品安全国家标准的要求，并载明食品的原产地以及境内代理商的名称、地址、联系方式。预包装食品没有中文标签、中文说明书或者标签、说明书不符合规定的，不得进口。

2.《食品安全国家标准 预包装食品标签通则》（GB 7718）的基本要求

应符合法律、法规的规定，并符合相应食品安全标准的规定。

应清晰、醒目、持久，应使消费者购买时易于辨认和识读。

应通俗易懂、有科学依据，不得标示封建迷信、色情、贬低其他食品或违背营养科学常识的内容。

应真实、准确，不得以虚假、夸大、使消费者误解或欺骗性的文字、图形等方式介绍食品，也不得利用字号大小或色差误导消费者。

不应直接或以暗示性的语言、图形、符号，误导消费者将购买的食品或食品的某一性质与另一产品混淆。

不应标注或者暗示具有预防、治疗疾病作用的内容，非保健食品不得明示或者暗示具有保健作用。

不应与食品或者其包装物（容器）分离。

应使用规范的汉字（商标除外）。具有装饰作用的各种艺术字，应书写正确，易于辨认。

预包装食品包装物或包装容器最大表面面积大于 $35cm^2$ 时，强制标示内容的文字、符号、数字的高度不得小于 1.8mm。

一个销售单元的包装中含有不同品种、多个独立包装可单独销售的食品，每件独立包装的食品标识应当分别标注。

若外包装易于开启识别或透过外包装物能清晰地识别内包装物（容器）上的所有强制标示内容或部分强制标示内容，可不在外包装物上重复标示相应的内容；否则应在外包装物上按要求标示所有强制标示内容。

3. 食品标签标识原则

（1）全面性原则

全面性原则，需要食品生产经营企业在设计或制作食品标签时，首先将相应标签涉及的法律法规和标准梳理清楚，并梳理相应的标识条款，包括条件性标识条款，都需要理解并落实执行，避免漏项。

（2）清晰醒目原则

标签的主要目的，就是方便消费者识读，清晰准确地介绍相应食品的特征及特性，如何做到清晰醒目，让消费者方便快捷识读，需要生产经营企业注意标签清晰度及醒目程度的管理与判断。多站在消费者的角度判断是否清晰醒目。对于清晰醒目的标识要求，一方面要求标识的位置需要清晰醒目；另一方面，字高需要大于等于1.8mm，这是保证其清晰度的有效手段。

对于食品标签标示清晰醒目的标识要求，企业有很多方法能改善清晰度，一是改善字高及文字与背景或底色的对比度；二是可以通过改变字体和标识位置，增加其清晰度，比如标识在主展示面等消费者最容易观察的位置。而对于一些非印刷的内容，如喷印的生产日期，可能受到打印设备、油墨、水迹、油渍等因素影响油墨的附着效果，可能在运输或销售过程中由于外包装磨损导致标识内容残缺，需要企业提前做好检测和预防工作，必须要确保食品的生命周期内标签标示的清晰完整，防止在运输和销售过程中磨损或脱落，从而保证消费者在购买和使用时可以清晰辨认和识读标签内容。

（3）科学性原则

食品标签的主要作用是介绍宣传食品，目的是让消费者识读和辨识，应该使用通俗易懂的文字，进行科学的宣传与引导，严禁进行封建迷信、色情、违背科学常识的宣传，同时维护公平竞争的市场秩序，任何食品标签内容不能贬低其他企业的食品。需要标识规范的语言，避免出现深奥难懂的术语及词汇。所有标识内容应客观、科学，便于消费者理解。

（4）真实准确性原则

食品标签标示内容真实是标签的基本要求，只有真实的内容才能正确地引导消费者安全食用。食品生产经营企业设计或制作标签时必须实事求是，真实准确标识食品名称、配料信息、净含量、生产日期及保质期等内容。真实准确地介绍相应的特性与特征，引导消费者正确食用。杜绝以虚假、夸大等误导或欺骗性的文字及图形等方式介绍食品，也不得利用字号大小及色差误导消费者。

（5）有别于药品原则

食品是供人食用或饮用的，不包括以治疗为目的的物品，食品不是药品，不得进行任何涉及疾病预防、治疗的宣传。《中华人民共和国食品安全法》第七十一条明确规定，食品和食品添加剂的标签、说明书，不得涉及疾病预防、治疗功能。任何企业与个人不得对食品进行任何形式的预防或治疗疾病的宣传，非保健食品也不得进行任何形式的保健功能宣传。

（6）使用规范汉字的原则

GB 7718 标准规定食品标签必须使用规范的汉字，规范的汉字是指国家公布的《通用规范汉字表》中的汉字。可以使用各种艺术字，但是应该书写正确，易于辨认识读。也明确可以同时使用汉语拼音、少数民族文字、繁体字或外文，但是必须与中文有对应关系，且字号不得大于对应的中文。

二、食品标签必须标识的项目及要求

直接向消费者提供的预包装食品标签标示应包括食品名称、配料表、净含量和规格、生产者和（或）经销者的名称、地址和联系方式、生产日期和保质期、贮存条件、食品生产许可证编号、产品标准代号及其他需要标示的内容。

1. 食品名称

食品名称应醒目并反映真实属性，使用标准中名称及不易误导通俗名称。当国家标准、行业标准或地方标准中已规定了某食品的一个或几个名称时，应选用其中的一个，或等效的名称。

2. 净含量

净含量的标示应由净含量、数字和法定计量单位组成。

3. 配料表

预包装食品的标签上应标示配料表，配料表中的各种配料应标示具体名称。如果某种配料是由两种或两种以上的其他配料构成的复合配料（不包括复合食品添加剂），应在配料表中标示复合配料的名称，随后将复合配料的原始配料在括号内按加入量的递减顺序标示。食品添加剂应当标示其在 GB 2760 中的食品添加剂通用名称。如果在食品标签或食品说明书上特别强调添加了或含有一种或多种有价值、有特性的配料或成分，应标示所强调配料或成分的添加量或在成品中的含量。

4. 产品标准代号

在国内生产并在国内销售的预包装食品（不包括进口预包装食品）应标示产品所执行的标准代号和顺序号，年代号一般不标识。

5. 生产日期、保质期

应清晰标示预包装食品的生产日期和保质期，不得另外加贴、补印或篡改。

6. 贮存条件

标识满足保质期的贮存条件及非贮存条件的注意事项。

7. 生产者、经销者的信息

应当标注生产者的名称、地址和联系方式。生产者名称和地址应当是依法登记注册、能够承担产品安全质量责任的生产者的名称、地址。

8. 营养成分表

应标识食品中营养成分的含量及其营养素参考值 (NRV)。如进行营养声称，应满足相应的声称条件。

9. 食品生产许可证编号

预包装食品标签应标示食品生产许可证编号的，标示形式按照《食品生产许可管理办法》的规定执行。

10. 标准及法规等规定的特殊标识要求

包括特殊食品注册备案标志及编号、转基因和辐照食品标识、新食品原料的标识要求以及产品标准中规定的标识要求等。

三、食品营养标签的基本要求

预包装食品营养标签标示的任何营养信息，应真实、客观，不得标示虚假信息，不得夸大产品的营养作用或其他作用。

预包装食品营养标签应使用中文。如同时使用外文标示的，其内容应当与中文相对应，外文字号不得大于中文字号。

营养成分表应以一个"方框表"的形式表示（特殊情况除外），方框可为任意尺寸，并与包装的基线垂直，表题为"营养成分表"。

食品营养成分含量应以具体数值标示，数值可通过原料计算或产品检测获得。

营养标签应标在向消费者提供的最小销售单元的包装上。

所有预包装食品营养标签强制标示的内容包括能量、核心营养素的含量值及其占营养素参考值（NRV）的百分比。当标示其他成分时，应采取适当形式使能量和核心营养素的标示更加醒目。核心营养素包括蛋白质、脂肪、碳水化合物等。

对除能量和核心营养素外的其他营养成分进行营养声称或营养成分功能声称时，在营养成分表中还应标示出该营养成分的含量及其占营养素参考值（NRV）的百分比。

使用了营养强化剂的预包装食品，在营养成分表中还应标示强化后食品中该营养成分的含量值及其占营养素参考值（NRV）的百分比。

食品配料含有或生产过程中使用了氢化和（或）部分氢化油脂时，在营养成分表中还应标示出反式脂肪（酸）的含量。

未规定营养素参考值（NRV）的营养成分仅需标示含量。

第二节 食品广告宣传合规管理

商业广告，通常是指商品经营者或者服务提供者通过一定媒介和形式直接或间接地介绍自己所推销的商品或服务。通过广告向消费者宣传、介绍或推销产品或服务，覆盖面广，且快速便捷，即使不能形成交易，也可以在视觉、听觉等印象方面引起消费者的兴趣或注意。但是食品是关系消费者食用安全和身体健康的重要产品，所以食品广告不仅需要符合《中华人民共和国广告法》等相关法律法规的要求，也需要符合《中华人民共和国食品安全法》的要求。

案例引入

为提高销量、获取竞争优势，市面上不少企业在宣传中尽打"擦边球"，发布虚假广告，使消费者产生误解。2021年监管部门公开的行政处罚信息中有不少企业因虚假宣传受到处罚。

噱头一："替代母乳"

某公司宣传其"婴儿配方乳粉（0～6月龄，1段）""天然含有乳磷脂、天然含有OPO类似结构脂、天然乳铁蛋白……科技解密母乳珍稀营养"等。一定程度上让消费者认为其产品可替代纯母乳，间接提高了其产品的销量。最终上海市黄浦区市场监管局对其作出罚款20万元的行政处罚。

噱头二："原料天然"

某公司官网关于产品介绍使用了"最苛刻的麦芽培育过程、最完美的纯澈口感、最优质的纯天然原料"等极限词。经查明，该企业经营的啤酒原料（水、大米、麦芽、啤酒花、酵母）都经过人工干预或处理，与所宣传的"纯天然原料"不符。最终上海市静安区市场监管局对其作出罚款25万元的行政处罚。

噱头三："治疗功效"

某公司宣传"益生菌在新冠病毒防治中有重要作用"，并引用《新型冠状病毒感染的肺炎诊疗方案》为依据，宣传"100毫升的小小一瓶足足含有100亿个以上的干酪乳杆菌代田株，每天一瓶可满足成年人一天所需的益生菌"。上述宣传语会让人误认为益生菌对新冠病毒有防治作用，认为每天喝一瓶其产品乳酸菌就会满足人体所需益生菌，而忽略对除干酪乳杆菌以外其他品种益生菌的补充。

最终上海市浦东新区市场监管局对其作出罚款 45 万元的行政处罚。

噱头四："某某升级""某某产地"

某餐饮门店水果陈列柜台内放置杨梅鲜果、芒果鲜果立牌用于宣传，立牌上宣称：杨梅产地为云南石屏和浙江仙居，与实际情况不完全相符，"鲜果均为每日新鲜到店""鲜果均为每日新鲜送达"，与实际情况不符；在全市所有经营门店门口设置实体广告牌、在门店店内电子屏远程投放广告的方式，发布"杨梅升级"相关广告，广告内容与实际情况不符。最终上海市宝山区市场监管局对其作出罚款 45 万元的行政处罚。

 ## 风险分析

1. 违反《中华人民共和国广告法》等相关规定

《中华人民共和国广告法》第二十条规定：禁止在大众传播媒介或者公共场所发布声称全部或者部分替代母乳的婴儿乳制品、饮料和其他食品广告的行为；第二十八条第（二）项规定，广告有下列情形之一的，为虚假广告：商品的性能、功能、产地、用途、质量、规格、成分、价格、生产者、有效期限、销售状况、曾获荣誉等信息，或者服务的内容、提供者、形式、质量、价格、销售状况、曾获荣誉等信息，以及与商品或者服务有关的允诺等信息与实际情况不符，对购买行为有实质性影响的。

《中华人民共和国反不正当竞争法》第八条第一款规定：经营者不得对其商品的性能、功能、质量、销售状况、用户评价、曾获荣誉等作虚假或者引人误解的商业宣传，欺骗、误导消费者。

《上海市反不正当竞争条例》第十条第一款：经营者不得对其商品的性能、功能、质量、销售状况、用户评价、曾获荣誉等作虚假或者引人误解的商业宣传，欺骗、误导消费者或者其他相关公众。

前述企业违反以上规定，构成了在大众传播媒介或者公共场所发布声称全部或者部分替代母乳的婴儿乳制品的行为，发布以虚假的商品成分和产地欺骗、误导消费者的虚假广告的行为。

2. 企业内部管理不当

食品行业广宣屡屡踩坑，原因各有各的不同。究其原因主要包括：企业内部合规管理不当，广宣合规意识淡薄且流程审核不严，广宣市场管理混乱，企业抱有侥幸心理，未主动落实主体责任等。

3. 国家监管日益严格

我国政府职能部门关于食品合规的监管体系越来越完善成熟，尤其是有奖举报措施的实施，全民均可参与合规违法举报，提高了企业违法行为被发现的概率。

应对建议

1. 主动落实主体责任

任何形式的广宣内容都应与实际情况相符，尤其是涉及有机食品、绿色食品、地理标志食品产地或指定产地宣称，企业相关职能部门除了审核资质文件，还应该留存相关证书、原料厂商符合性说明等相关资料。

2. 加强广宣合规管理

企业应该加强内部人员的广宣合规培训与管理，建立严谨的广宣审核流程并确保其有效实施，进而可以识别与规避风险。在无事实依据前提下，企业广宣应谨慎蹭热点或使用敏感词汇。

3. 关注行业相关舆情事件

企业应积极关注行业发展动态，尤其是热点舆情事件，及时完成内部自查自纠。

知识学习

一、食品广告合规义务

广告的合法合规，即遵守法律、法规和规章的要求，法律法规对广告的要求，是强制性的法定要求，是广告主、广告经营者及发布者都应遵守并履行的义务和责任。

为了规范广告经营行为，维护广告市场秩序，促进我国广告业健康发展，更好地带动社会各行各业的蓬勃发展，2015 年和 2018 年，我国两次修正了《中华人民共和国广告法》，本着保护消费者合法权益的宗旨，明确了广告的真实性原则和基本行为规范要求，明确了广告的形式和发布程序，明确了广告的监管要求。该法规定中华人民共和国境内从事广告经营活动的广告主、广告经营者及广告发布者都必须遵守法律法规的要求。在法律法规允许的范围内从事广告设计、制作、发布等活动。充实细化广告内容准则，明确虚假广告的概念、形态及判定原则，强化广告的监管力度，加大了处罚力度，增加信用惩戒，违法行为将记入信用档案。强化事中事后监管，强化社会协同共治。

食品属于相当特殊的商品，供人食用或饮用，提供身体所需的营养，尤其是特殊食品，为特殊人群提供必要的营养所需。所以食品类广告必须真实准确，不得对消费者产生任何歧义与误解。目前食品广告所涉及的法律法规主要有《中华人民共和国食品安全法》《中华人民共和国广告法》《互联网广告管理办法》《药品、医疗器械、保健食品、特殊医学用途配方食品广告审查管理暂行办法》《关于指导做好涉转基因广告管理工作的通知》等。还有些省、自治区和直辖市也有明确的广告管理规定，如《江苏省广告条例》《浙江省广告管理条例》等。国家和地方法规都要求广告主及食品生产经营者履行相应的广告合规义务。

二、食品广告合规的基本原则

食品广告必须符合《中华人民共和国广告法》的通用要求：

> 第三条 广告应当真实、合法，以健康的表现形式表达广告内容，符合社会主义精神文明建设和弘扬中华民族优秀传统文化的要求。

1. 真实性原则

《中华人民共和国食品安全法》《中华人民共和国广告法》明确规定，食品广告应该应当真实，任何弄虚作假的宣传或介绍，不仅不受法律保护，反而会受到法律的严惩。这就是广告的第一个原则——真实性原则，也是广告的基本原则，任何广告宣传，都必须以事实为根据，都必须以真实性为基本原则。真实是建立在事实依据的基础上，以既定事实、兑现承诺及满足消费者需要的效果为主要判断依据，没有事实依据就意味着不真实，即涉嫌虚假宣传，广告主、广告经营者及发布者有义务向有关部门提供真实性依据。

2. 合法性原则

《中华人民共和国广告法》明确，广告应当合法，这是广告的第二个原则——合法性原则。合法性原则包括资质合法、程序合法、形式合法及内容合法。对于资质合法，要求广告主、广告经营者及发布者的资格必须符合相应法律法规的要求，广告主自行或委托第三方设计、制作或发布广告时，所推销的商品或服务应当在广告主营业执照许可的经营范围内，广告经营者或发布者经营或发布广告时，也必须取得相应的资质许可。广告的形式合法，主要是指广告发布的形式或媒介的合法性，广告在发布形式方面应当具有明显的可识别性，方便消费者或观众快捷辨明相应内容及宣传属于广告。对于广告内容的合法要求，《中华人民共和国广告法》的多个章节条款进行了具体规定，如第九条、第十一条、第十七条、第十八条、第二十三条等，尤其是第四条和第二十八条，从广告禁止性内容及虚假内容等方面规定了广告不得出现的内容。

3. 积极性原则

《中华人民共和国广告法》明确规定：广告应以健康的表现形式表达广告内容，符合社会主义精神文明建设和弘扬中华民族优秀传统文化的要求。广告的积极性原则是一种经济现象，希望通过广告的积极宣传，促进市场繁荣，推动经济发展。

三、食品广告内容的合规要求

> 《中华人民共和国广告法》对广告内容的要求：
>
> 第四条 广告不得含有虚假或者引人误解的内容，不得欺骗、误导消费者。
>
> 广告主应当对广告内容的真实性负责。
>
> 第十七条 除医疗、药品、医疗器械广告外，禁止其他任何广告涉及疾病治疗功能，并不得使用医疗用语或者易使推销的商品与药品、医疗器械相混淆的用语。

食品广告的内容必须真实合法，由食品生产经营者对内容的真实性和合法性负责。不得含有虚假内容，不得涉及疾病预防、治疗功能。对于内容的真实性，主要以客观事实为真实性判断的主要依据，包括广告中的承诺、效果及赠送商品或服务的说明，也必须真实准确，并能让消费者得到实实在在的体验。不能进行任何形式的夸大或虚假宣传。

真实性的对立面，就是虚假宣传，虚假的本义就是与实际不符，包括本来就不存在的商品、服务或事实，性能、用途、质量指标、产地、资质等不符合相应标准和法规，虚构、以点带面或以偏概全等夸大事实或效果，无法兑现或不兑现的允诺，虚构、伪造、无法查验和无法追溯验证的材料或数据，存在歧义、表述模糊等容易使消费者产生错误联想而做出错误或违背意愿的选择等内容，都属于虚假。虚假的内容，不仅破坏社会诚信秩序，损害消费者的合法权益，甚至会引发食品安全事件，造成严重的社会危害或影响。

对于虚假广告的定性，《中华人民共和国广告法》第二十八条明确要求。

第二十八条　广告以虚假或者引人误解的内容欺骗、误导消费者的，构成虚假广告。广告有下列情形之一的，为虚假广告：

（一）商品或者服务不存在的；

（二）商品的性能、功能、产地、用途、质量、规格、成分、价格、生产者、有效期限、销售状况、曾获荣誉等信息，或者服务的内容、提供者、形式、质量、价格、销售状况、曾获荣誉等信息，以及与商品或者服务有关的允诺等信息与实际情况不符，对购买行为有实质性影响的；

（三）使用虚构、伪造或者无法验证的科研成果、统计资料、调查结果、文摘、引用语等信息作证明材料的；

（四）虚构使用商品或者接受服务的效果的；

（五）以虚假或者引人误解的内容欺骗、误导消费者的其他情形。

此外，对于食品广告，需要注意《中华人民共和国广告法》明确的禁止行为。

第九条 广告不得有下列情形：

（一）使用或者变相使用中华人民共和国的国旗、国歌、国徽，军旗、军歌、军徽；

（二）使用或者变相使用国家机关、国家机关工作人员的名义或者形象；

（三）使用"国家级""最高级""最佳"等用语；

（四）损害国家的尊严或者利益，泄露国家秘密；

（五）妨碍社会安定，损害社会公共利益；

（六）危害人身、财产安全，泄露个人隐私；

（七）妨碍社会公共秩序或者违背社会良好风尚；

（八）含有淫秽、色情、赌博、迷信、恐怖、暴力的内容；

（九）含有民族、种族、宗教、性别歧视的内容；

（十）妨碍环境、自然资源或者文化遗产保护；

（十一）法律、行政法规规定禁止的其他情形。

第十条 广告不得损害未成年人和残疾人的身心健康。

> 第十三条 广告不得贬低其他生产经营者的商品或者服务。
>
> 第二十条 禁止在大众传播媒介或者公共场所发布声称全部或者部分替代母乳的婴儿乳制品、饮料和其他食品广告。

对于食品广告，除了要求满足真实性原则需要，还需要满足合法性的原则，其中合法性原则包括不得使用广告法等法律法规禁止广告宣传的内容。

1. 禁止使用具有国家主权的重要象征和标志

我国的"国旗、国歌、国徽，军旗、军歌、军徽"体现了国家和民族的尊严，任何组织或个人不得以整体、局部或近似等任何形式在商业广告中使用国旗及其图案、国歌及其歌词歌谱、国徽及其图案。同样，任何组织或个人不得以整体、局部或近似等任何形式在商业广告中使用军旗及其图案、军歌及其歌词歌谱、军徽及其图案。此外，禁止在广告中或者其他商品上非法使用人民币图样。

2. 禁止使用国家机关及工作人员的名义和形象

国家机关及工作人员是依法行使监督执法权力的机关和人员，代表着国家和社会公共利益，不代表任何企业或个人的利益。如果在广告中使用国家机关和工作人员的名义或形象，会使消费者误认为广告商品或服务获得了国家机关或工作人员的认可、信赖，或与其有特定联系，从而影响国家机关或工作人员公平公正的形象，造成不正常竞争的社会负面影响。所以为了保证国家机关及工作人员公平公正的形象，国家禁止任何商业广告以任何形式使用或变相使用国家机关及工作人员的名义和形象，国家机关的名义及形象包括但不限于国家机关及部门的名称、简称、重要会议或活动、会标徽标、装备、设施、标志性建筑及地址等。

2013 年发布的《关于严禁中央和国家机关使用"特供""专供"等标识的通知》进一步明确，涉及"特供""专供""专用""内招""特制""特酿""特需""定制""订制""授权""指定""合作""接待"及类似词汇，都不得与中央和国家机关各部门及行政事业单位及工作人员的名义联用。

> 二、严禁中央和国家机关各部门及所属行政事业单位使用、自行或授权制售冠以"特供""专供"等标识的物品。
>
> "特供""专供"等标识包括：

（一）含有中央和国家机关部门名称（包括简称、徽标）的"特供""专供"等标识。如"××部门特供""××机关专供"。

（二）同时含有中央和国家机关部门名称与机关所属行政事业单位名称的"特供""专供"等标识。如"××部门机关服务中心特供"。

（三）含有与中央和国家机关密切关联的重要会议、活动名称的"特供""专供"等标识。如"××会议特供""××活动专供"。

（四）含有与中央和国家机关密切关联的地点、标志性建筑名称的"特供""专供"等标识。如"××礼堂专供"。

类似"特供""专供"的标识还包括"专用""内招""特制""特酿""特需""定制""订制""授权""指定""合作""接待"等标识。

3. 禁止使用"最高级"的绝对化用语

任何产品或服务的优劣都是相对的，随着时间的推移不断变化，即使曾经存在或取得了绝对的技术或实力，也不能代表广告期间仍保持绝对的优势。而且这类词汇的言外之意"别人的产品或服务都不如你"，所以对于这类绝对化的"最高级"用语的使用，不仅会造成消费者的误解，而且严重地破坏市场竞争的公平性。

4. 禁止使用"消极""反动"等危害社会的用语

任何个人或组织不得利用任何形式做出损害国家的尊严或者利益和泄露国家秘密的事，不得做出任何有损社会安定、有损社会公共秩序或者违背社会良好风尚等损害社会公共利益的事，不得做任何危害人身和财产安全及泄露个人隐私的事，禁止使用含有淫秽、色情、赌博、迷信、恐怖、暴力等违背社会主义精神文明建设及社会公德的内容，禁止使用含有民族、种族、宗教、性别歧视的内容，禁止使用妨碍环境、自然资源或者文化遗产保护的内容，禁止使用损害未成年人和残疾人身心健康的内容。

5. 禁止贬低其他生产经营者的商品或者服务

为了维护公平竞争的市场环境和社会经济秩序，广告法明令禁止利用广告贬低其他生产经营者的商品和服务。关于贬低其他生产经营者的食品，通常是指故意降低对其他生产经营者的商品、服务应有的评价。贬低、诋毁通常是指使用含有恶意编造、歪曲事实或其他不正当手段恶意中伤或打击别人的商品或服务的主观行为，包括以暗示或导致联想的方式误导消费者，使用该商品可能造成严重损失或不良后果，从而起到直接或间接地提升、抬高或鼓吹自己商品或服务的竞争优势。贬低通常是通过比较的方式，在广告内容中直接或间接中伤、诽谤其他生产经营的商品。

6. 其他禁止的广告要求

除了广告法明令禁止的广告要求，如果其他法律法规也有规定时，也应该符合相应的规定，如商标法明确不得将"驰名商标"字样用于广告宣传。依据《关于进一步规范母乳代用品宣传和销售行为的通知》，严厉查处含有明示或暗示替代母乳、使用哺乳妇女和婴儿的形象等违法内容的婴儿配方食品广告。

有法可依，有法必依，只要法律法规有要求，作为食品安全第一责任人的食品生产经营者，就要按要求履行自己的义务，全力落实好食品广告合规义务。

第六章
食品安全监督抽检与检查

知识目标

1. 了解我国食品安全监督抽检的法律法规基础、责任部门、一般流程、结果处置和信息发布。
2. 了解我国食品安全监督检查的主要类型、法律基础、责任部门、检查要点、结果处置和信息发布。

技能目标

1. 能够按照合规监管要求，配合食品安全监督管理部门进行日常监督检查工作。
2. 能够根据抽检结果进行数据整理与分析。

职业素养与思政目标

1. 具有严谨的合规管理意识，具有一定的法律意识和安全意识。
2. 具有诚实、守信、负责的工作态度。
3. 具备一定的社会责任感。

第一节　食品安全监督抽检

食品监督抽检中重要环节为抽样检验。它是指借助数理统计和概率论基本原理，从成批的食品、食品添加剂、食品相关产品中随机抽取部分样本进行检验，根据样本的检验结果，判断食品、食品添加剂、食品相关产品是否符合食品安全标准等相关规定的方法。

案例引入

2022 年 6 月，浙江省庆元县市场监管局公示 2022 年第 4 期食品抽检检验情况，其中新疆某集团公司生产的两批次纯牛乳不合格，不合格项目为丙二醇，检验结果显示其中丙二醇含量为 0.318g/kg。该集团因在生产纯牛乳的前处理环节中超范围使用食品添加剂被罚款七千多万元，企业的法定代表人、工厂厂长和车间主任也被处以不同金额的罚款。

风险分析

《食品安全法》第四十条规定"食品生产经营者应当按照食品安全国家标准使用食品添加剂"。根据《食品安全国家标准 食品添加剂使用标准》（GB 2760）规定，丙二醇作为食品添加剂不可用于纯牛乳。添加丙二醇的行为，违反了《食品安全法》的规定，属于超范围使用食品添加剂的违法行为。

市场监管部门通过监督抽检发现了企业的违法行为，体现了监督抽检的重要作用。针对监管部门发布的调查通报，该公司解释其不合格产品系由共线生产未彻底清洗产品线而混入的丙二醇。无论解释是否为真，此次事件最大的原因就是企业主体责任落实不到位，内部管理不到位，企业在自身生产环境和质量把控环节存在疏漏，企业盲目追求利益的最大化而忽视了食品安全的重要性。

应对建议

作为食品安全的第一责任人，食品生产企业应当严格自律，加强法律法规学习，提高守法合规经营意识，严格按照食品标准法规的要求开展生产经营活动。

知识学习

一、食品安全监督抽检的法规依据

食品安全监督抽检依据的法律法规主要有《中华人民共和国食品安全法》《中华人民共和国食品安全法实施条例》《食品安全抽样检验管理办法》等。

县级以上人民政府食品安全监督管理部门履行食品安全监督管理职责，有权采取下列措施，对生产经营者遵守本法的情况进行监督检查：①进入生产经营场所实施现场检查；②对生产经营的食品、食品添加剂、食品相关产品进行抽样检验；③查阅、复制有关合同、票据、账簿以及其他有关资料；④查封、扣押有证据证明不符合食品安全标准或者有证据证明存在安全隐患以及用于违法生产经营的食品、食品添加剂、食品相关产品；⑤查封违法从事生产经营活动的场所。

二、食品安全监督抽检计划（方案）的制订

县级以上人民政府食品安全监督管理部门应当对食品进行定期或者不定期的抽样检验，并依据有关规定公布检验结果，不得免检。

1. 计划（方案）的制订部门

国家市场监督管理总局根据食品安全监管工作的需要，制订全国性食品安全抽样检验年度计划。

县级以上地方市场监督管理部门应当根据上级市场监督管理部门制订的抽样检验年度计划并结合实际情况，制订本行政区域的食品安全抽样检验工作方案。

市场监督管理部门可以根据工作需要不定期开展食品安全抽样检验工作。

2. 计划（方案）的内容

食品监督抽检计划的内容包括：抽样检验的食品品种；抽样环节、抽样方法、抽样数量等抽样工作要求；检验项目、检验方法、判定依据等检验工作要求；抽检结果及汇总分析的报送方式和时限；法律、法规、规章和食品安全标准规定的其他内容。

三、食品抽检与结果报送

1. 食品安全监督抽检样品的保存

食品安全抽样检验的样品由承检机构保存。

承检机构接收样品时，应当查验、记录样品的外观、状态、封条有无破损以及其他可能对检验结论产生影响的情况，并核对样品与抽样文书信息，将检验样品和复检备份样品分别加贴相应标识后，按照要求入库存放。

对抽样不规范的样品，承检机构应当拒绝接收并书面说明理由，及时向组织或者实施食品安全抽样检验的市场监督管理部门报告。

2. 食品安全监督抽检的检测

食品安全监督抽检应当采用食品安全标准规定的检验项目和检验方法。没有食品安全标准的，应当采用依照法律法规制定的临时限量值、临时检验方法或者补充检验方法。

风险监测、案件稽查、事故调查、应急处置等工作中，在没有规定的检验方法的情况下，可以采用其他检验方法分析查找食品安全问题的原因。所采用的方法应当遵循技术手段先进的原则，并取得国家或者省级市场监督管理部门同意。

食品安全抽样检验实行承检机构与检验人负责制。承检机构出具的食品安全检验报告应当加盖机构公章，并有检验人的签名或者盖章。承检机构和检验人对出具的食品安全检验报告负责。

承检机构应当自收到样品之日起 20 个工作日内出具检验报告。市场监督管理部门与承检机构另有约定的，从其约定。

未经组织实施抽样检验任务的市场监督管理部门同意，承检机构不得分包或者转包检验任务。

3. 食品安全监督抽检结果的报送

食品安全监督抽检的检验结论合格的，承检机构应当自检验结论作出之日起 3 个月内妥善保存复检备份样品。复检备份样品剩余保质期不足 3 个月的，应当保存至保质期结束。合格备份样品能够合理再利用，且符合省级以上市场监督管理部门要求的，可以不受上述保存时间限制。

检验结论不合格的，承检机构应当自检验结论作出之日起 6 个月内妥善保存复检备份样品。复检备份样品剩余保质期不足 6 个月的，应当保存至保质期结束。

食品安全监督抽检的检验结论合格的，承检机构应当在检验结论作出后 7 个工作日内将检验结论报送组织或者委托实施抽样检验的市场监督管理部门。

抽样检验结论不合格的，承检机构应当在检验结论作出后 2 个工作日内报告组织或者委托实施抽样检验的市场监督管理部门。

国家市场监督管理总局组织的食品安全监督抽检的检验结论不合格的，承检机构除按照相关要求报告外，还应当通过食品安全抽样检验信息系统及时通报抽样地以及标称的食品生产者住所地市场监督管理部门。

地方市场监督管理部门组织或者实施食品安全监督抽检的检验结论不合格的，抽样地与标称食品生产者住所地不在同一省级行政区域的，抽样地市场监督管理部门应当在收到不合格检验结论后通过食品安全抽样检验信息系统及时通报标称的食品生产者住所地同级市场监督管理部门。同一省级行政区域内不合格检验结论的通报按照抽检地省级市场监督管理部门规定的程序和时限通报。

通过网络食品交易第三方平台抽样的，除按照规定通报外，还应当同时通报网络食品交易第三方平台提供者住所地市场监督管理部门。

食品安全监督抽检的抽样检验结论表明不合格食品可能对身体健康和生命安全造成严重危害的，市场监督管理部门和承检机构应当按照规定立即报告或者通报。

四、食品安全监督抽检的复检与异议处理

1. 食品安全监督抽检的复检

对检验结论有异议的，食品生产经营者可以自收到检验结论之日起 7 个工作日内向实施抽样检验的食品安全监督管理部门或者其上一级食品安全监督管理部门提出复检申请，由受理复检申请的食品安全监督管理部门在公布的复检机构名录中随机确定复检机构进行复检。复检机构出具的复检结论为最终检验结论。复检机构不得与初检机构为同一机构。

有下列情形之一的，不予复检：①检验结论为微生物指标不合格的；②复检备份样品超过保质期的；③逾期提出复检申请的；④其他原因导致备份样品无法实现复检目的的；⑤法律、法规、规章以及食品安全标准规定的不予复检的其他情形。

2. 食品安全监督抽检的异议处理

食品生产经营者对监督抽检检验结论有异议的，可以自收到检验结论之日起 7 个工作日内，向实施监督抽检的市场监督管理部门或者其上一级市场监督管理部门提出书面复检申请。向国家市场监督管理总局提出复检申请的，国家市场监督管理总局可以委托复检申请人住所地省级市场监督管理部门负责办理。逾期未

提出的，不予受理。

在食品安全监督抽检工作中，食品生产经营者可以对其生产经营食品的抽样过程、样品真实性、检验方法、标准适用等事项依法提出异议处理申请。

市场监督管理部门应当根据异议核查实际情况依法进行处理，并及时将异议处理申请受理情况及审核结论，通报不合格食品生产经营者住所地市场监督管理部门。

五、食品安全监督抽检不合格样品的核查处置及信息发布

1. 不合格样品的核查处置

食品生产经营者收到监督抽检不合格检验结论后，应当立即采取封存不合格食品，暂停生产、经营不合格食品，通知相关生产经营者和消费者，召回已上市销售的不合格食品等风险控制措施，排查不合格原因并进行整改，及时向住所地市场监督管理部门报告处理情况，积极配合市场监督管理部门的调查处理，不得拒绝、逃避。

在复检和异议期间，食品生产经营者不得停止履行其法定义务。食品生产经营者未主动履行的，市场监督管理部门应当责令其履行。

食品经营者收到监督抽检不合格检验结论后，应当按照国家市场监督管理总局的规定在被抽检经营场所显著位置公示相关不合格产品信息。

市场监督管理部门收到监督抽检不合格检验结论后，应当及时启动核查处置工作，督促食品生产经营者履行法定义务，依法开展调查处理。必要时，上级市场监督管理部门可以直接组织调查处理。

县级以上地方市场监督管理部门组织的监督抽检，检验结论表明不合格食品含有违法添加的非食用物质，或者存在致病性微生物、农药残留、兽药残留、生物毒素、重金属以及其他危害人体健康的物质严重超出标准限量等情形的，应当依法及时处理并逐级报告至国家市场监督管理总局。

市场监督管理部门应当在 90 日内完成不合格食品的核查处置工作。需要延长办理期限的，应当书面报请负责核查处置的市场监督管理部门负责人批准。

2. 食品安全监督抽检的信息发布

市场监督管理部门应当通过政府网站等媒体及时向社会公开监督抽检结果和

不合格食品核查处置的相关信息，并按照要求将相关信息记入食品生产经营者信用档案。市场监督管理部门公布食品安全监督抽检不合格信息，包括被抽检食品名称、规格、商标、生产日期或者批号、不合格项目，标称的生产者名称、地址，以及被抽样单位名称、地址等。

可能对公共利益产生重大影响的食品安全监督抽检信息，市场监督管理部门应当在信息公布前加强分析研判，科学、准确公布信息，必要时，应当通报相关部门并报告同级人民政府或者上级市场监督管理部门。

任何单位和个人不得擅自发布、泄露市场监督管理部门组织的食品安全监督抽检信息。

2015 年 10 月 1 日，修订后的《食品安全法》正式实施，进一步强化了食品生产经营过程控制，加强对食品生产经营企业的日常监督检查。2019 年 5 月，中共中央、国务院发布的《关于深化改革加强食品安全工作的意见》，提出"严把食品加工质量安全关、严把流通销售质量安全关、严把餐饮服务质量安全关"以及实施"双随机"抽查、重点检查等。为加强和规范对食品生产经营活动的监督检查，督促食品生产经营者落实主体责任，国家市场监督管理总局于 2021 年 12 月 24 日发布了修订后的《食品生产经营监督检查管理办法》（以下简称《办法》）。

案例引入

2017 年 11 月，国家食品药品监督管理总局办公厅发布关于新疆某乳业公司食品安全生产规范体系检查情况的函，检查发现该公司的生产许可条件保持、食品安全管理制度落实等方面存在很多缺陷，除生产设施、生产记录不符合规范等问题之外，尤为严重的是，该公司生产的数量超万罐的婴幼儿乳粉中添加了超过保质期的营养强化剂 DHA、ARA，该企业多个系列婴幼儿乳粉存在 12 大项食品安全生产管理缺陷。涉事批次乳粉已流向市场，审计问题出现后，该乳业公司对同批次乳粉进行了送检，没有发现安全问题，因此未启动召回，但出于潜在风险考虑，从经销商处撤回了部分商品。

风险分析

《食品安全法》第三十四条规定"禁止用超过保质期的食品原料、食品添加剂生产食品"。使用超过保质期的食品营养强化剂作为原辅料生产婴幼儿配方乳粉，不符合上述条款规定，属于违法行为。

花生四烯酸（ARA）和二十二碳六烯酸（DHA）为婴儿配方食品中的可选择添加成分。DHA 和 ARA 过期最大的风险是其可能会被氧化，从而造成功效的降低。

应对建议

食品生产企业应当严格按照食品安全标准法规的要求开展生产经营活动，确保食品安全，主动承担相应的社会责任。食品生产企业要积极配合食品安全监管部门的监督检查活动，利用监督检查机会发现生产经营活动中存在的问题，及时采取相应的纠正和预防控制措施。

 知识学习

一、我国食品生产经营企业监督检查体系

国家食品药品监督管理总局于 2016 年 3 月发布《食品生产经营日常监督检查管理办法》，规范食品生产经营日常监督检查工作。在此基础上，探索实施了飞行检查及体系检查，均取得较好的效果。因此，新《办法》就监督检查方式进行了整合，纳入了飞行检查和体系检查。

日常监督检查是指市级、县级市场监督管理部门按照年度食品生产经营监督检查计划，对本行政区域内食品生产经营者开展的常规性检查。日常监督检查是最常用、最基本的检查方法。

飞行检查是指市场监督管理部门根据监督管理工作需要以及问题线索等，对食品生产经营者依法开展的不预先告知的监督检查。一般是对投诉举报、监管分析存在问题的企业开展飞行检查，属于有因检查，按照"四不两直"的原则开展。"四不两直"最早由国家安全生产监督管理总局在 2013 年 10 月提出，并在 2014 年 9 月正式建立并实施。具体指：不发通知、不打招呼、不听汇报、不用陪同接待，直奔基层、直插现场。

体系检查是指市场监督管理部门以风险防控为导向，对特殊食品、高风险大宗食品生产企业和大型食品经营企业等的质量管理体系执行情况依法开展的系统性监督检查。婴幼儿配方食品行业是最早进行体系检查的。

目前我国已经基本形成以日常监督检查为基础，飞行检查和体系检查为重点，专项检查为补充的较为完善的监督检查制度体系。

二、监督检查的原则与职权划分

1. 监督检查原则

监督检查的原则，主要包括属地负责、风险管理、程序合法和公正公开 4 个原则。

（1）属地负责

属地负责是指日常监督检查工作是由市级、县级市场监管部门负责实施具体检查。国家市场监督管理总局和省级市场监管部门的主要负责监督指导工作。

（2）风险管理

《办法》要求县级以上地方市场监督管理部门结合食品生产经营者的食品类别、业态规模、风险控制能力、信用状况、监督检查等情况划分食品生产经营者的风险等级，从低到高分为四个等级，针对不同等级实施不同的检查频次。

（3）程序合法

程序合法是指严格按照《办法》要求及流程开展检查。

（4）公正公开

公正公开就是食品安全年度监督检查计划、检查结果、检查人员都要公示公开。

2. 监督检查职权划分

《办法》进一步对各级监管部门的职责分工与协调进行了规定，分工更加明确。

国家市场监督管理总局负责监督指导全国食品生产经营监督检查工作，也可以根据需要组织开展监督检查。

省级市场监督管理部门负责监督指导本行政区域内食品生产经营监督检查工作，重点组织和协调对产品风险高、影响区域广的食品生产经营者的监督检查。

市级、县级市场监督管理部门负责本行政区域内食品生产经营监督检查工作。

市级以上市场监督管理部门根据监督管理工作需要，可以对由下级市场监督管理部门负责日常监督管理的食品生产经营者实施随机监督检查，也可以组织下级市场监督管理部门对食品生产经营者实施异地监督检查。

三、监督检查的要点

1. 生产环节

食品生产环节监督检查要点应当包括食品生产者资质、生产环境条件、进货查验、生产过程控制、委托生产、产品检验、贮存及交付控制、不合格食品管理和食品召回、标签和说明书、食品安全自查、从业人员管理、信息记录和追溯、食品安全事故处置等情况。

除了以上的要点外，特殊食品生产环节监督检查要点还应当包括注册备案要求执行、生产质量管理体系运行、原辅料管理等情况。保健食品生产环节的监督检查要点还应当包括原料前处理等情况。

《办法》还对委托生产食品的监督检查要求进行了明确：委托生产食品、食品添加剂的，委托方、受托方应当遵守法律、法规、食品安全标准以及合同的约定，并将委托生产的食品品种、委托期限、委托方对受托方生产行为的监督等情况予以单独记录，留档备查。市场监督管理部门应当将上述委托生产情况作为监督检查的重点。

2. 销售环节

食品销售环节监督检查要点应当包括食品销售者资质、一般规定执行、禁止性规定执行、经营场所环境卫生、经营过程控制、进货查验、食品贮存、食品召回、温度控制及记录、过期及其他不符合食品安全标准的食品处置、标签和说明书、食品安全自查、从业人员管理、食品安全事故处置、进口食品销售、食用农产品销售、网络食品销售等情况。

特殊食品销售环节监督检查要点，除以上规定要点外，还应当包括禁止混放要求落实、标签和说明书核对等情况。

集中交易市场开办者、展销会举办者监督检查要点应当包括举办前报告、入场食品经营者的资质审查、食品安全管理责任明确、经营环境和条件检查等情况。

对温度、湿度有特殊要求的食品贮存业务的非食品生产经营者的监督检查要点应当包括备案、信息记录和追溯、食品安全要求落实等情况。

3. 餐饮环节

餐饮服务环节监督检查要点应当包括餐饮服务提供者资质、从业人员健康管理、原料控制、加工制作过程、食品添加剂使用管理、场所和设备设施清洁维护、餐饮具清洗消毒、食品安全事故处置等情况。餐饮服务环节的监督检查应当强化学校等集中用餐单位供餐的食品安全要求。

四、监督检查基本程序

食品生产经营监督检查基本程序，主要包含以下几个方面：首先是制订年度监督检查计划，监管部门确定监督检查人员，明确检查事项、抽检内容。检查人员现场出示有效检查证件或检查任务书，按照检查任务书实施监督检查，确定监督检查结果，并对检查结果进行综合判定。检查人员和食品生产经营者在日常监督检查结果记录表及抽样检验等文书上签字或者盖章。根据《办法》要求对检查结果进行处理，最后及时公布监督检查结果。

1. 制订检查计划

年度监督检查计划制订依据主要是食品类别、企业规模、管理水平、食品安全状况、风险等级、信用档案记录等因素；

检查计划的内容包括检查事项、检查方式、检查频次以及抽检食品种类、抽查比例等；

检查频次确定：市场监督管理部门应当每两年对本行政区域内所有食品生产经营者至少进行一次覆盖全部检查要点的监督检查。

市场监督管理部门应当对特殊食品生产者，风险等级为 C 级、D 级的食品生产者，风险等级为 D 级的食品经营者以及中央厨房、集体用餐配送单位等高风险食品生产经营者实施重点监督检查，并可以根据实际情况增加日常监督检查频次。

2. 确定检查人员

市场监督管理部门组织实施监督检查应当由两名或两名以上监督检查人员参加。检查人员随机确定，检查人员较多的，可以组成检查组。市场监督管理部门根据需要可以聘请相关领域专业技术人员参加监督检查。检查人员与检查对象之间存在直接利害关系或者其他可能影响检查公正情形的，应当回避。

确定完监督检查人员以后，开展监督检查工作，检查人员应当当场出示有效执法证件或者市场监督管理部门出具的检查任务书。

3. 实施监督检查

检查人员应当按照《办法》规定和检查要点要求开展监督检查，并对监督检查情况如实记录。市场监督管理部门实施监督检查，有权采取以下措施，被检查单位不得拒绝、阻挠、干涉。

① 进入食品生产经营等场所实施现场检查；

② 根据需要，依照食品安全抽样检验管理有关规定，对被检查单位生产经营的原料、半成品、成品等进行抽样检验；

③ 查阅、复制有关合同、票据、账簿以及其他有关资料；

④ 查封、扣押有证据证明不符合食品安全标准或者有证据证明存在安全隐患以及用于违法生产经营的食品、工具和设备；

⑤ 查封违法从事食品生产经营活动的场所。

需要注意的是，实施监督检查时，检查人员可以依法对企业食品安全管理人员随机进行监督抽查考核并公布考核情况。具体考核要求依据《市场监管总局关于开展食品安全管理人员监督抽查考核有关事宜的公告》，通过"食安员抽考APP"进行考试。抽查考核不合格的，应当督促企业限期整改，并及时安排补考。

监督检查过程中，食品生产经营者应当配合监督检查工作，按照市场监督管理部门的要求，开放食品生产经营场所，回答相关询问，提供相关合同、票据、账簿以及前次监督检查结果和整改情况等其他有关资料，协助生产经营现场检查和抽样检验，并为检查人员提供必要的工作条件。按照检查人员要求，在现场检查、询问、抽样检验等文书以及收集、复印的有关资料上签字或者盖章。被检查单位拒绝在相关文书、资料上签字或者盖章的，检查人员应当注明原因，并可以邀请有关人员作为见证人签字、盖章，或者采取录音、录像等方式进行记录，作为监督执法的依据。

4. 结果及其处置

检查人员应当综合监督检查情况进行判定，确定检查结果。

《办法》将原来的"符合、基本符合与不符合"3 种检查结果进一步细化，并分别明确了监管部门对不同检查结果的处理方式。

发现食品生产经营者不符合监督检查要点表重点项目，影响食品安全的，市场监督管理部门应当依法进行调查处理。

发现食品生产经营者不符合监督检查要点表一般项目，但情节显著轻微不影响食品安全的，市场监督管理部门应当当场责令其整改。可以当场整改的，检查人员应当对食品生产经营者采取的整改措施以及整改情况进行记录；需要限期整改的，市场监督管理部门应当书面提出整改要求和时限。被检查单位应当按期整改，并将整改情况报告市场监督管理部门。市场监督管理部门应当跟踪整改情况并记录整改结果。

不符合监督检查要点表一般项目，影响食品安全的，市场监督管理部门应当依法进行调查处理。

市场监督管理部门在监督检查中发现食品不符合食品安全法律、法规、规章和食品安全标准的，在依法调查处理的同时，应当及时督促食品生产经营者追查相关食品的来源和流向，查明原因、控制风险，并根据需要通报相关市场监督管理部门。

监督检查中发现存在食品安全隐患，食品生产经营者未及时采取有效措施消除的，市场监督管理部门可以对食品生产经营者的法定代表人或者主要负责人进行责任约谈。

监督检查结果以及市场监督管理部门约谈食品生产经营者情况和食品生产经营者整改情况应当记入食品生产经营者食品安全信用档案。对存在严重违法失信行为的，按照规定实施联合惩戒。

对同一食品生产经营者，上级市场监督管理部门已经开展监督检查的，下级市场监督管理部门原则上三个月内不再重复检查已检查的项目，但食品生产经营者涉嫌违法或者存在明显食品安全隐患等情形的除外。

附录

食品

指各种供人食用或者饮用的成品和原料以及按照传统既是食品又是中药材的物品,但是不包括以治疗为目的的物品。

——《中华人民共和国食品安全法》

食品安全

指食品无毒、无害,符合应当有的营养要求,对人体健康不造成任何急性、亚急性或者慢性危害。

——《中华人民共和国食品安全法》

污染物

食品在从生产(包括农作物种植、动物饲养和兽医用药)、加工、包装、贮存、运输、销售,直至食用等过程中产生的或由环境污染带入的、非有意加入的化学性危害物质。标准所规定的污染物是指除农药残留、兽药残留、生物毒素和放射性物质以外的污染物。

——《食品安全国家标准 食品中污染物限量》(GB 2762—2022)

真菌毒素

真菌在生长繁殖过程中产生的次生有毒代谢产物。

——《食品安全国家标准 食品中真菌毒素限量》(GB 2761—2017)

兽药残留

对食品动物用药后,动物产品的任何可食用部分中所有与药物有关的物质的残留,包括药物原型或 / 和其代谢产物。

——《食品安全国家标准 食品中兽药最大残留限量》(GB 31650—2019)

动物性食品

供人食用的动物组织以及蛋、奶和蜂蜜等初级动物性产品。

——《食品安全国家标准 食品中兽药最大残留限量》（GB 31650—2019）

每日允许摄入量

人类终生每日摄入某物质，而不产生可检测到的危害健康的估计量，以每千克体重可摄入的量表示（mg/kg·bw）。

——《食品安全国家标准 食品中农药最大残留限量》（GB 2763—2021）

放射性核素

具有放射性的核素。按其来源，可分为天然放射性核素和人工放射性核素两大类。常见的放射性核素的衰变形式是 α 衰变、β 衰变和 γ 衰变。

——《食品安全国家标准 食品中放射性物质检验 总则》（GB 14883.1—2016）

预包装食品

预先定量包装或者制作在包装材料、容器中的食品。

——《食品安全国家标准 预包装食品标签通则》（GB 7718—2011）

食品标签

食品包装上的文字、图形、符号及一切说明物。

——《食品安全国家标准 预包装食品标签通则》（GB 7718—2011）

配料

在制造或加工食品时使用的，并存在（包括以改性的形式存在）于产品中的任何物质，包括食品添加剂。

——《食品安全国家标准 预包装食品标签通则》（GB 7718—2011）

保质期

预包装食品在标签指明的贮存条件下，保持品质的期限。在此期限内，产品完全适于销售，并保持标签中不必说明或已经说明的特有品质。

——《食品安全国家标准 预包装食品标签通则》（GB 7718—2011）

生产日期

食品成为最终产品的日期，也包括包装或灌装日期，即将食品装入（灌入）

包装物或容器中，形成最终销售单元的日期。

——《食品安全国家标准 预包装食品标签通则》（GB 7718—2011）

规格

同一预包装内含有多件预包装食品时，对净含量和内含件数关系的表述。

——《食品安全国家标准 预包装食品标签通则》（GB 7718—2011）

食品添加剂

为改善食品品质和色、香、味以及为防腐、保鲜和加工工艺的需要而加入食品中的人工合成或者天然物质，包括营养强化剂。

——《食品安全国家标准 食品添加剂使用标准》（GB 2760—2024）

食品工业用加工助剂

保证食品加工能顺利进行的各种物质，与食品本身无关。如助滤、澄清、吸附、脱模、脱色、脱皮、提取溶剂、发酵用营养物质等。

——《食品安全国家标准 食品添加剂使用标准》（GB 2760—2024）

复配食品添加剂

为了改善食品品质、便于食品加工，将两种或两种以上单一品种的食品添加剂，添加或不添加辅料，经物理方法混匀而成的食品添加剂。

——《食品安全国家标准 复配食品添加剂通则》（GB 26687—2011）

食品用香精

由食品用香料与食品用香精辅料组成的用来起香味作用的浓缩调配混合物（只产生咸味、甜味或酸味的配制品除外），食品用香精可以含有或不含有食品用香精辅料。通常不直接用于消费，而是用于食品加工。

——《食品安全国家标准 食品用香精》（GB 30616—2020）

食品用香料

添加到食品产品中以产生香味、修饰香味或提高香味的物质。食品用香料包括食用天然香味物质、食用天然香味复合物、食品用合成香料、食品用热加工香味料、烟熏食用香味料，一般配制成食品用香精后用于食品加香，部分也可直接用于食品加香。

——《食品安全国家标准 食品用香料通则》（GB 29938—2020）

营养标签

预包装食品标签上向消费者提供食品营养信息和特性的说明，包括营养成分表、营养声称和营养成分功能声称。营养标签是预包装食品标签的一部分。

——《食品安全国家标准 预包装食品营养标签通则》（GB 28050—2011）

营养强化剂

为了增加食品的营养成分（价值）而加入食品中的天然或人工合成的营养素和其他营养成分。

——《食品安全国家标准 食品营养强化剂使用标准》（GB 14880—2012）

营养素

食物中具有特定生理作用，能维持机体生长、发育、活动、繁殖以及正常代谢所需的物质，包括蛋白质、脂肪、碳水化合物、矿物质及维生素等。

——《食品安全国家标准 预包装食品营养标签通则》（GB 28050—2011）

营养成分

食品中的营养素和除营养素以外的具有营养和（或）生理功能的其他食物成分。各营养成分的定义可参照《食品营养成分基本术语》（GB/Z 21922）。

——《食品安全国家标准 预包装食品营养标签通则》（GB 28050—2011）

营养成分表

标有食品营养成分名称、含量和占营养素参考值（NRV）百分比的规范性表格。

——《食品安全国家标准 预包装食品营养标签通则》（GB 28050—2011）

营养素参考值

专用于食品营养标签，用于比较食品营养成分含量的参考值。

——《食品安全国家标准 预包装食品营养标签通则》（GB 28050—2011）

罐头食品

以水果、蔬菜、食用菌、畜禽肉、水产动物等为原料，经加工处理、装罐、密封、加热杀菌等工序加工而成的商业无菌的罐装食品。

——《食品安全国家标准 罐头食品》（GB 7098—2015）

商业无菌

罐头食品经过适度热杀菌后，不含有致病性微生物，也不含有在通常温度下能在其中繁殖的非致病性微生物的状态。

——《食品安全国家标准 罐头食品》（GB 7098—2015）

餐饮服务

通过即时加工制作、商业销售和服务性劳动等，向消费者提供食品或食品和消费设施的服务活动。

——《食品安全国家标准 餐饮服务通用卫生规范》（GB 31654—2021）

半成品

经初步或者部分加工，尚需进一步加工的非直接入口食品。

——《食品安全国家标准 餐饮服务通用卫生规范》（GB 31654—2021）

食品处理区

食品贮存、整理、加工（包括烹饪）、分装以及餐用具的清洗、消毒、保洁等场所。

——《食品安全国家标准 餐饮服务通用卫生规范》（GB 31654—2021）

餐饮服务场所

与食品加工、供应相关的区域，包括食品处理区、就餐区等。

——《食品安全国家标准 餐饮服务通用卫生规范》（GB 31654—2021）

易腐食品

在常温下容易腐败变质，微生物易于繁殖或者形成有毒有害物质的食品。此类食品在贮存中需要控制温度 - 时间方可保证安全。

——《食品安全国家标准 餐饮服务通用卫生规范》（GB 31654—2021）

餐用具

餐（饮）具和接触直接入口食品的容器、工具、设备。

——《食品安全国家标准 餐饮服务通用卫生规范》（GB 31654—2021）

污染

在食品生产过程中发生的生物、化学、物理污染因素传入的过程。

——《食品安全国家标准 食品生产通用卫生规范》（GB 14881—2013）

虫害

由昆虫、鸟类、啮齿类动物等生物（包括苍蝇、蟑螂、麻雀、老鼠等）造成的不良影响。

——《食品安全国家标准 食品生产通用卫生规范》（GB 14881—2013）

食品加工人员

直接接触包装或未包装的食品、食品设备和器具、食品接触面的操作人员。

——《食品安全国家标准 食品生产通用卫生规范》（GB 14881—2013）

接触表面

设备、工器具、人体等可被接触到的表面。

——《食品安全国家标准 食品生产通用卫生规范》（GB 14881—2013）

分离

通过在物品、设施、区域之间留有一定空间，而非通过设置物理阻断的方式进行隔离。

——《食品安全国家标准 食品生产通用卫生规范》（GB 14881—2013）

分隔

通过设置物理阻断如墙壁、卫生屏障、遮罩或独立房间等进行隔离。

——《食品安全国家标准 食品生产通用卫生规范》（GB 14881—2013）

《中华人民共和国食品安全法》　主席令第二十一号　全国人民代表大会常务委员会

《中华人民共和国食品安全法实施条例》　国令第 721 号　国务院

《中华人民共和国农产品质量安全法》　主席令第一二○号　全国人民代表大会常务委员会

《中华人民共和国标准化法》　主席令第七十八号　全国人民代表大会常务委员会

《中华人民共和国标准化法实施条例》　国务院令第 53 号　国务院

《中华人民共和国产品质量法》　主席令第七十一号　全国人民代表大会常务委员会

《中华人民共和国广告法》　主席令第二十二号　全国人民代表大会常务委员会

《中华人民共和国计量法》　主席令第二十八号　全国人民代表大会常务委员会

《中华人民共和国计量法实施细则》　国家计量局

《中华人民共和国进出境动植物检疫法》　主席令第五十三号　全国人民代表大会常务委员会

《中华人民共和国进出口商品检验法》　主席令第十四号　全国人民代表大会常务委员会

《中华人民共和国进出口商品检验法实施条例》　国务院令第 447 号　国务院

《中华人民共和国认证认可条例》　国务院令第 390 号　国务院

《中华人民共和国消费者权益保护法》　主席令第十一号　全国人民代表大会常务委员会

《国务院关于加强食品等产品安全监督管理的特别规定》　国务院令第 503 号　国务院

《乳品质量安全监督管理条例》　国务院令第 536 号　国务院

《粮食流通管理条例》 国令第 740 号 国务院

《食盐专营办法》 国务院令第 696 号 国务院

《食品生产许可管理办法》 国家市场监督管理总局令第 24 号 国家市场监督管理总局

《市场监管总局关于修订公布食品生产许可分类目录的公告》 2020 年第 8 号 国家市场监督管理总局

《食品经营许可和备案管理办法》 国家市场监督管理总局令第 78 号 国家市场监督管理总局

《市场监管总局关于公布〈食品经营许可审查通则〉的公告》 2024 年第 12 号 国家市场监督管理总局

《总局关于印发食品生产经营风险分级管理办法（试行）的通知》 食药监食监一〔2016〕115 号 国家食品药品监督管理总局

《食品生产经营监督检查管理办法》 国家市场监督管理总局令第 49 号 国家市场监督管理总局

《食品召回管理办法》 国家食品药品监督管理总局令第 12 号 国家食品药品监督管理总局

《食品安全抽样检验管理办法》 国家市场监督管理总局令第 15 号 国家市场监督管理总局

《企业落实食品安全主体责任监督管理规定》 国家市场监督管理总局令第 60 号 国家市场监督管理总局

《食品标识管理规定》 国家质量监督检验检疫总局令第 102 号 国家质量监督检验检疫总局

《定量包装商品计量监督管理办法》 国家市场监督管理总局第 70 号 国家市场监督管理总局

《商品条码管理办法》 国家质量监督检验检疫总局令第 76 号 国家质量监督检验检疫总局

《食品安全标准管理办法》 国家卫生健康委员会令第 10 号 国家卫生健康委员会

《国家卫生健康委关于印发〈食品安全风险监测管理规定〉的通知》 国卫食品发〔2021〕35号 国家卫生健康委员会

《国家卫生健康委关于印发《食品安全风险评估管理规定》的通知》 国卫食品发〔2021〕34号 国家卫生健康委员会

《食盐质量安全监督管理办法》 国家市场监督管理总局令第23号 国家市场监督管理总局

《食品相关产品质量安全监督管理暂行办法》 国家市场监督管理总局令第62号 国家市场监督管理总局

《农产品包装和标识管理办法》 农业部令第70号 农业部

《农产品质量安全监测管理办法》 农业部令2012年第7号 农业部

《农业转基因生物标识管理办法》 农业部令第10号 农业部

《生鲜乳生产收购管理办法》 农业部令第15号 农业部

《食品添加剂新品种管理办法》 卫生部令第73号 卫生部

《餐饮业经营管理办法（试行）》 商务部 国家发展改革委令2014年第4号 商务部

GB 2760—2024《食品安全国家标准 食品添加剂使用标准》 国家市场监督管理总局 国家卫生健康委员会

GB 14880—2012《食品安全国家标准 食品营养强化剂使用标准》 卫生部

GB 9685—2016《食品安全国家标准 食品接触材料及制品用添加剂使用标准》 国家卫生和计划生育委员会

GB 2762—2022《食品安全国家标准 食品中污染物限量》 国家卫生健康委员会 国家市场监督管理总局

GB 29921—2021《食品安全国家标准 预包装食品中致病菌限量》 国家卫生健康委员会 国家市场监督管理总局

GB 31607—2021《食品安全国家标准 散装即食食品中致病菌限量》 国家卫生健康委员会 国家市场监督管理总局

GB 2761—2017《食品安全国家标准 食品中真菌毒素限量》 国家卫生和计划

生育委员会　国家食品药品监督管理总局

GB 2763—2021《食品安全国家标准 食品中农药最大残留限量》 国家卫生健康委员会　农业农村部　国家市场监督管理总局

GB 2763.1—2022《食品安全国家标准 食品中 2，4- 滴丁酸钠盐等 112 种农药最大残留限量》 国家卫生健康委员会　农业农村部　国家市场监督管理总局

GB 31650—2019《食品安全国家标准 食品中兽药最大残留限量》 农业农村部　国家卫生健康委员会　国家市场监督管理总局

GB 31650.1—2022《食品安全国家标准 食品中 41 种兽药最大残留限量》 农业农村部　国家卫生健康委员会　国家市场监督管理总局

GB 28050—2011《食品安全国家标准 预包装食品营养标签通则》 卫生部

GB 7718—2011《食品安全国家标准 预包装食品标签通则》 卫生部

GB 18524—2016《食品安全国家标准 食品辐照加工卫生规范》 国家卫生和计划生育委员会　国家食品药品监督管理总局

GB 31621—2014《食品安全国家标准 食品经营过程卫生规范》 国家卫生和计划生育委员会

GB 14881—2013《食品安全国家标准 食品生产通用卫生规范》 国家卫生和计划生育委员会

GB 31653—2021《食品安全国家标准 食品中黄曲霉毒素污染控制规范》 国家卫生健康委员会　国家市场监督管理总局

GB 31646—2018《食品安全国家标准 速冻食品生产和经营卫生规范》 国家卫生健康委员会　国家市场监督管理总局

GB 31605—2020《食品安全国家标准 食品冷链物流卫生规范》 国家卫生健康委员会　国家市场监督管理总局

GB 19304—2018《食品安全国家标准 包装饮用水生产卫生规范》 国家卫生健康委员会　国家市场监督管理总局

GB 31654—2021《食品安全国家标准 餐饮服务通用卫生规范》 国家卫生健康委员会　国家市场监督管理总局

参 考 文 献

[1] 李冬霞，李莹 . 食品标准与法规 . 北京：化学工业出版社，2020.

[2] 国家食品药品监督管理总局高级研修学院 . 食品安全管理人员培训教材：食品生产 . 北京：中国法制出版社，2017.

[3] 国家食品药品监督管理总局高级研修学院 . 食品安全管理人员培训教材：餐饮服务 . 北京：中国法制出版社，2017.

[4] 周才琼，张平平 . 食品标准与法规 . 北京：中国农业出版社，2022.

[5] 钱和 . 庞月红 . 于瑞莲 . 食品安全法律法规与标准 . 北京：化学工业出版社，2021.

[6] 李彦坡，贾洪信，郭元晟 . 食品标准与法规 . 北京：中国纺织出版社有限公司，2022.

[7] 袁杰，徐景和 . 中华人民共和国食品安全法释义 . 北京：中国民主法制出版社，2015.

[8] 邹翔 . 食品企业现代质量管理体系的建立 . 北京：中国质检出版社，2016.

[9] 樊永祥，王竹天 . 食品安全国家标准常见问题解答 . 北京：中国质检出版社，2016.

[10] 樊永祥，丁绍辉 .GB 14881—2013《食品安全国家标准 食品生产通用卫生规范》实施指南 . 北京：中国质检出版社，2016.

[11] 韩军花，李晓瑜 . 特殊食品国内外法规标准比对研究 . 北京：中国医药科技出版社，2017.